Von der Schule zum Urknall

Erik Kremser studierte an der TH Darmstadt Physik und Mathematik für das Lehramt an Gymnasien und legte 1997 am Studienseminar Darmstadt das Zweite Staatsexamen für das Lehramt an Gymnasien ab. Anschließend unterrichtete er Physik und Mathematik zuletzt an der Dreieichschule in Langen und wechselte 2007 an den Fachbereich Physik der TU Darmstadt. Dort leitet er seitdem die Vorlesungsassistenz Physik und das Demonstrationspraktikum für die Studierenden des Lehramtes Physik.

Thomas Walther hat an der LMU München Physik studiert und 1994 an der Universität Zürich in physikalischer Chemie promoviert. Im Anschluss forschte er in den USA u. a. als Assistant Professor. Seit 2002 lehrt und forscht er als Professor für Experimentalphysik an der TU Darmstadt. Sein Forschungsgebiet ist die Quantenoptik sowie der Laser und seine Anwendungen.

Erik Kremser
Thomas Walther
(Hrsg.)

Von der Schule zum Urknall

Saturday Morning Physics der
TU Darmstadt in Schülerbeiträgen

 Springer Spektrum

Herausgeber
Erik Kremser
Fachbereich Physik
TU Darmstadt
Darmstadt
Deutschland

Thomas Walther
Fachbereich Physik
TU Darmstadt
Darmstadt
Deutschland

ISBN 978-3-662-47728-1   ISBN 978-3-662-47729-8 (eBook)
DOI 10.1007/978-3-662-47729-8

Die Deutsche Nationalbibliothek verzeichnet diese Publikation in der Deutschen Nationalbibliografie; detaillierte bibliografische Daten sind im Internet über http://dnb.d-nb.de abrufbar.

Springer Spektrum
© Springer-Verlag Berlin Heidelberg 2016

Planung: Dr. Vera Spillner, Dr. Lisa Edelhäuser

Gedruckt auf säurefreiem und chlorfrei gebleichtem Papier

Springer Berlin Heidelberg ist Teil der Fachverlagsgruppe Springer Science+Business Media
(www.springer.com)

Vorwort

Wir schreiben das Jahr 1998 – die Studierendenzahlen in der Physik sind in Darmstadt und bundesweit auf einem Tiefpunkt angekommen und es wurde klar, dass etwas passieren muss. So wurde Saturday Morning Physics von Dr. Harald Genz an der TU Darmstadt aus der Taufe gehoben. Das Grundkonzept brachte er vom FermiLab in den USA mit und passte es auf deutsche Verhältnisse an: An sieben bis acht aufeinanderfolgenden Samstagen sollten Oberstufenschüler an die TU Darmstadt kommen und hier etwas über „Physik wie sie noch nicht im Lehrbuch steht" erfahren. Ziel war es, die Physik als lebendige, faszinierende und spannende Wissenschaft zu vermitteln, die Neugier der Schüler zu wecken und im Idealfall für ein Physikstudium zu begeistern. Vortragende sollten die Hochschullehrer der Physik sein, um einen lokalen Bezug herzustellen und die wissenschaftlichen Fragestellungen, die in Darmstadt verfolgt wurden, aufzuzeigen. Um den Samstagmorgen zu füllen, sollte eine zweite Halbzeit aus interaktiven Quizzen, experimentellen Vorführungen, Führungen durch die Labore des Fachbereichs etc. das ganze Erlebnis weiter anreichern.

Ursprünglich traf diese Idee auf viel Skepsis. So fragte Herr Genz seine eigenen Kinder nach ihrer Meinung zu Saturday Morning Physics. Die Antwort war eindeutig: „Da kommt doch keiner." Herr Genz ließ sich nicht entmutigen, wurde aber doch vorsichtiger und plante deshalb, mit den vermeintlich wenigen Schülern während der zweiten Halbzeit Grundpraktikumsversuche durchzuführen.

Dann war es soweit. Rund 400 Schulen im Umkreis um Darmstadt in Hessen, Rheinland-Pfalz, Baden-Württemberg und Bayern wurden angeschrieben, um sie von der Veranstaltung zu unterrichten und die Anmeldung, damals noch per Fax, konnte beginnen.

Der Aufruf war ein voller Erfolg. Auf Anhieb wurden weit mehr als 600 Anmeldungen registriert. Der Plan, Grundpraktikumsversuche durchführen zu lassen, musste, ob der großen Zahl an Schülern, fallen gelassen werden, und alternative Möglichkeiten für die zweite Hälfte wurden gefunden. Das Interesse war sogar so groß, dass die Zahl der Anmeldungen die Anzahl der Sitzplätze im Großen Physikhörsaal überstieg und Teilnehmerbeschränkungen eingeführt werden mussten.

Die Schüler kamen und waren begeistert. Im Sommersemester fand sofort die zweite Veranstaltung statt. Wieder mit einem enormen Echo. Die großen Schülerzahlen erforderten aber auch große organisatorische und finanzielle Ressourcen, so dass ab 1999 die Veranstaltung nur noch einmal im Jahr ausgerichtet wurde.

Seit dem findet Saturday Morning Physics regelmäßig im Wintersemester statt. Im Jahre 2015 wird es die achtzehnte Veranstaltung sein. Saturday Morning Physics an der TU Darmstadt dürfte damit die älteste Veranstaltung ihrer Art in Deutschland sein und hat inzwischen zahlreiche Nachahmer an vielen Universitäten gefunden.

Seit der ersten Veranstaltung gab es viele kleinere Anpassungen und Veränderungen, das Grundkonzept ist aber stets unverändert geblieben: Physik in einer für Schüler zugänglichen Sprache zu präsentieren und so die Faszination, die von der Physik ausgeht, erkennbar zu machen. Sehr wichtig ist es, den Schülern zu zeigen, wie viel Spaß uns die Beschäftigung mit Physik und den Naturgesetzen macht und wie vielfältig die Möglichkeiten einer Physikerin oder eines Physikers im Berufsleben sind. Und wir sind sehr stolz, dass sich Saturday Morning Physics zum wichtigsten Instrument der Werbung für Studienanfänger entwickelt hat.

Seit 2011 liegt die Organisation von Saturday Morning Physics in den Händen von Herrn Erik Kremser und Prof. Dr. Thomas Walther.

Von Anfang an haben es uns viele und langjährige Sponsoren ermöglicht, diese Veranstaltung durchzuführen. Hierfür gebührt diesen ein besonderer Dank. Einer dieser langjährigen Sponsoren ist der Wissenschaftsverlag Springer, der uns in fast jedem Jahr Buchpreise großzügig zur Verlosung zur Verfügung stellte. Im Jahre 2012 wurden wir von Frau Dr. Spillner vom Wissenschaftsverlag Springer mit der Idee angesprochen, einen Autorenwettbewerb zu veranstalten. Die Schülerinnen und Schüler sollten die Aufgabe bekommen, innerhalb von einer Woche die Vorträge auf jeweils ca. 7 Seiten in eigenem Stil zusammen zu fassen. Wir griffen die Idee begeistert auf.

Eine Jury bestehend aus Frau Spillner, Herrn Kremser und Herrn Walther bewertete die Aufsätze jeweils und kürten eine Siegerin bzw. einen Sieger. Die eingereichten Werke waren größtenteils von einer sehr hohen Qualität. Sie waren nicht nur inhaltlich sehr gut, sondern auch äußerst spannend und unterhaltsam geschrieben, was es nicht immer ganz einfach machte, eine Siegerin bzw. einen Sieger zu bestimmen. Begeistert von diesen Aufsätzen, entstand die Idee, diese Beiträge in einem Buch zusammen zu fassen. Dieses Buch halten Sie nunmehr in den Händen.

An dieser Stelle möchten wir alle Siegerinnen, deren Beiträge in diesem Buch abgedruckt sind, nochmals zu ihren sehr gelungenen und spannenden Beiträgen beglückwünschen. Es hat uns sehr viel Freude bereitet, diese zu lesen und wir hoffen, dass auch Sie sich auf dieser spannenden Reise durch moderne Gebiete der Physik dazu inspirieren lassen, das eine oder andere Thema weiter zu vertiefen.

Ein besonderer Dank gilt Frau Dr. Felicitas Mokler, die die Beiträge überarbeitet hat. Ebenso möchten wir uns bei Frau Dr. Spillner, Frau Dr. Edelhäuser, Frau Lühker und allen anderen Beteiligten beim Wissenschaftsverlag Springer für ihren Enthusiasmus bei der Umsetzung dieses Experiments, der Erstellung eines Buches aus Artikeln von Schülerinnen und Schülern, bedanken.

Und schließlich geht ein großer Dank an unsere administrativen Mitarbeiterinnen, Frau Musso und Frau Böhling, sowie die unzähligen freiwilligen Studierenden des Fachbereichs, die jedes Wintersemester mit großem Einsatz mithelfen, dass Saturday Morning Physics weiter auf der Erfolgsspur bleibt.

Darmstadt, im Juni 2015   Erik Kremser
                                                Thomas Walther

Inhalt

5   Moderne optische Datenspeicherung – Von Kaffeemaschinen und eingefangenem Licht   67

Vortragender: Thomas Halfmann
Zusammenfassung: Marie Joelle Charrier

6   Selbstorganisation und Strukturbildung – Wie Ordnung in das Chaos kommt   87

Vortragende: Barbara Drossel
Zusammenfassung: Marie Joelle Charrier

Verzeichnis der Autoren und Vortragenden

Prof. Dr. Gerhard Birkl
Technische Universität Darmstadt
Institut für Angewandte Physik
Darmstadt

Marie Joelle Charrier
Groß-Umstadt

Prof. Dr. Barbara Drossel
Technische Universität Darmstadt
Institut für Festkörperphysik
Darmstadt

Prof. Dr. Thomas Halfmann
Technische Universität Darmstadt
Institut für Angewandte Physik
Darmstadt

Klara Maria Neumann
Darmstadt

Prof. Dr. Norbert Pietralla
Technische Universität Darmstadt
Institut für Kernphysik
Darmstadt

Prof. Dr. Robert Roth
Technische Universität Darmstadt
Institut für Kernphysik
Darmstadt

Alexandra Teslenko
Dreieich

Prof. Dr. Michael Vogel
Technische Universität Darmstadt
Institut für Festkörperphysik
Darmstadt

1
Einführung

Das vorliegende Buch entstand während der Saturday Morning Physics-Veranstaltung 2012. In jeder Veranstaltung werden Vorträge zu einer Reihe mit einem gemeinsamen Motto angeboten. Im Jahr 2012 war dies „Vom Urknall zu komplexen Systemen". Naturgemäß ist es unmöglich, die gesamte Spannbreite, die sich hinter einem solchen Titel verbirgt, in nur wenigen Vorträgen zu behandeln. Dadurch fallen die Vorträge und damit die vorliegenden Zusammenfassungen sehr vielfältig aus. Es ergibt sich ein einzigartiger Überblick über die moderne Physik mit all ihrem Facettenreichtum.

Der erste Vortrag von Professor Dr. Robert Roth und zusammengefasst von Frau Klara Maria Neumann, behandelt die Bausteine des Universums. Hauptthema sind die Elementarteilchen und deren Aufbau. Wie sich im Laufe der Geschichte herausstellte, waren die Atome keineswegs so unteilbar wie die Bezeichnung *átomos* (unteilbar) aus dem Griechischen andeutet. Abgesehen davon, dass die alten Griechen noch eine relativ oberflächliche Vorstellung von Atomen hatten. So waren dies zunächst nur Luft, Wasser und Feuer. Erst mit der Erfindung der Chemie wurden systematische Untersuchungen möglich und durch die Entdeckung des Periodensystems der Elemente Ordnung in die Welt der Elemente eingeführt. Anfang des 20. Jahrhundert führte dann die Entdeckung von Elektronen, Protonen und Neutronen zum besseren Verständnis des Aufbaus der Atome und insbesondere der Atomkerne.

Die immer leistungsfähigeren Beschleunigeranlagen ermöglichten einen immer genaueren Blick in die Atomkerne. Es wurde klar, dass es nicht nur Protonen und Neutronen sowie Elektronen gab, sondern dass die Kernbausteine wiederum aus kleinen Bausteinen bestanden. Schnell wuchs die Anzahl der bekannten Elementarteilchen und schnell wurde vom Elementarteilchenzoo gesprochen. Die Ordnung schien wieder in Frage gestellt, bis schließlich das Standardmodell diese Ordnung wieder etablierte. Demnach existieren die Quarks, aus denen zum Beispiel die Neutronen und Protonen bestehen sowie die Leptonen-Familie, zu denen das Elektron gehört. Als letzte Bausteine existieren Bosonen, die die Kräfte zwischen diesen Teilchen vermitteln. Der erste Vortrag beschreibt diese Erkenntnisse, zeigt aber auch noch Unentdecktes auf.

Das Periodensystem als der „Baukasten" der Chemie wurde bereits angesprochen. In ihm werden alle bekannten Elemente in Reihen und Spalten angeordnet. Die Sortierung erfolgt nach der Zahl der Protonen und damit auch Elektronen, die in dem neutralen Atom vorhanden sind. Die detaillierte Ordnung im Periodensystem, also die Sortierung in Gruppen und Spalten, erfolgt nach den chemischen Eigenschaften, die wiederum durch die Zahl der Elektronen und deren Anordnung in der Elektronenhülle der Atome bestimmt wird. In der Chemie gänzlich unbeantwortet, stellt sich die Frage, warum die Elemente gerade in der beobachteten Häufigkeit im Universum vorkommen. Und warum existieren für manche Elemente sogenannte Isotope, d. h. Atomkerne mit der gleichen Protonenzahl, aber unterschiedlicher Neutronenzahl? Und warum sind einige dieser Isotope stabil, während andere in unterschiedlichen Zerfallsketten in wieder andere Elemente zerfallen? Diesen und anderen Fragen wird in der nuklearen Astrophysik und der Kernstrukturphysik nachgegangen. Letztere ist Thema des zweiten Vortrages, der von Professor Dr. Norbert Pietralla gehalten wurde und von Marie J. Charrier zusammengefasst wurde.

Die Kernphysik sortiert die Elemente und ihre Isotope in der sogenannten Nuklidkarte (Abb. 3.5) Hier finden sich alle bekannten Elemente nach ihrer Protonen- und Neutronenanzahl sortiert. Man findet außerdem Informationen über deren natürliches Vorkommen, die Lebensdauer sowie die Art des radioaktiven Zerfalls, den diese zeigen. Auffallend ist, dass sich die stabilen Elemente zu den schwereren Elementen hin zu solchen Kernen verschieben, die mehr Neutronen als Protonen besitzen. Außerdem gibt es keine stabilen Kerne mehr oberhalb einer kritischen Gesamtzahl von Neutronen und Protonen in einem Kern. Dies markiert die Grenze der natürlich vorkommenden Elemente im Periodensystem. Sie wird durch das Element Uran mit einer Ordnungszahl von 92 markiert. Künstlich lassen sich weitere Elemente, zum Beispiel an Beschleunigeranlagen wie der GSI, herstellen. Den derzeitigen Rekord hält das Vereinigte Institut für Kernforschung in Dubna, Russland, mit dem Element mit der Ordnungszahl 118, das allerdings noch keinen offiziellen Namen besitzt. Von diesen Isotopen werden stets nur sehr wenige Atomkerne in Kollisionen erzeugt und nur anhand ihrer Zerfallsprodukte identifiziert. Wenn die „Herstellung" eines neuen Elements geglückt und von anderen Instituten verifiziert wurde, erhält der Entdecker das Recht einen Namensvorschlag zu machen. Allerdings kann zwischen Erstentdeckung und Verifizierung eine lange Zeit vergehen. Die Elemente mit den Ordnungszahlen 108 bis 112 wurden an der GSI in der Nähe von Darmstadt zum ersten Mal erzeugt und der Name wurde entsprechend von dieser vorgeschlagen. Das Element mit der Ordnungszahl 110, Darmstadtium, ist nach Darmstadt benannt. Die Elemente mit den Ordnungszahlen 113 bis 118 wurden bereits erzeugt, aber nur Element 114 und 116 tragen schon offizielle Namen. Ziel dieser Experimente ist es, das „Tal der Stabilität" zu erreichen: es wird vermutet, dass es um die Ordnungszahl von ca. 114–120 eine Region in der Nuklidkarte gibt, in der wieder stabile oder zumindest langlebige Kerne anzutreffen sind. Und tatsächlich weiß man bereits, dass das Element Flerovium mit der Ordnungszahl 114 eine relativ lange Lebenszeit von einigen Sekunden hat.

Im dritten und vierten Vortrag der Vortragsreihe im Jahr 2012 wendeten sich die Vortragenden den Atomen und deren Erforschung zu. Eine sehr aktuelle und lebendige Forschungsrichtung ist die der kalten Atome. Dieses Gebiet hat sich rasant in den 80er Jahren und danach entwickelt. Ziel war es, Atome immer weiter abzukühlen, zu den niedrigsten Temperaturen, die im Labor möglich sind. Man kann diese Temperaturen durch Laserkühlen erreichen, also dem kontrollierten Abkühlen eines Ensembles von Atomen durch Laserlicht. Was zunächst paradox erscheint, gelingt durch ein Wechselspiel zwischen Absorption und spontaner Emission von Photonen. Während die Absorption immer bevorzugt aus dem Laserstrahl aus der Richtung gegen die Bewegung der Atome abläuft, erfolgt die Emission in alle Raumrichtungen, so dass in jedem Zyklus letztlich der Impuls eines Photons auf das Atom übertragen wird. Und ganz nach dem Motto „steter Tropfen höhlt den Stein", wird das Atom immer langsamer. Durch geeignete Techniken, von denen im Artikel von Frau Alexandra Teslenko, die einen Vortrag von Professor Dr. G. Birkl zusammenfasst, die Rede sein wird, gelingt es, die Atome auch örtlich zu fangen. Doch warum kondensieren diese Atome nicht zu einem Kristall, wie dies normalerweise bei Abkühlung von Gasen geschieht? Die Dichten sind sehr viel geringer als die eines Festkörpers und die Gesamtzahl an Atomen (ca. 10 Mio. oder weniger) ist ebenfalls sehr viel geringer. Wir sprechen von stark verdünnten Gasen und diese zeigen keine Kondensation im herkömmlichen Sinn. Allerdings kann die Temperatur bis in den Nanokelvin-Bereich gesenkt werden, was dann das Phänomen der Bose-Einstein-Kondensation ermöglicht. Dies ist ein besonderer Quantenzustand, in dem die Atome quasi ihre Identität verlieren und sich wie ein einziges Superatom verhalten. Das Besondere an diesem Bose-Einstein-Kondensat ist, dass es gleichsam eine kohärente Quelle von Atomen darstellt, die in vielerlei Hinsicht das für Atome ist, was der Laser für Lichtteilchen darstellt. Durch diese Forschung kann interessanterweise das Verständnis für die Physik in vielen anderen Bereichen, wie zum Beispiel Kernphysik oder Festkörperphysik, stark erweitert werden, da die kalten Atome in gewisser Weise sehr reine Systeme darstellen und so eine Vielzahl von Möglichkeiten eröffnen, die ansonsten unmöglich zu erforschen sind.

Eine wesentliche Voraussetzung, dass sich dieses Gebiet überhaupt entwickeln konnte, war der Laser, der auch aus unserem Alltag nicht mehr wegzudenken ist. Vor etwas über 50 Jahren entwickelt, gibt es kaum ein Forschungsgebiet der modernen Physik, in dem er nicht direkt oder indirekt eingesetzt wird. Das Besondere an seinen Eigenschaften ist zum einen, dass er stark gerichtetes Licht erzeugt, das sich über weite Strecken ausbreitet, ohne sich stark aufzuweiten. Zum anderen ist er sehr monochromatisch, besitzt also nur eine wohl definierte Farbe, mit der einzelne Atome eines Isotops sehr selektiv angeregt und manipuliert werden können. Seine dritte herausragende Eigenschaft, die sehr eng mit der zweiten zusammenhängt, ist seine Kohärenz. Vordergründig bedeutet dies, dass er sehr gut für Experimente mit Interferometern geeignet ist, die im Allgemeinen hoch präzise Messungen zum Beispiel der Oberflächenbeschaffenheit von Materialien ermöglichen. Vermutlich sind Ihnen schon die sogenannten Specklemuster aufgefallen, die entstehen, wenn Sie den Lichtfleck eines Laserpointers auf einer rauen Wand beobachten. Dies sind die hellen und dunklen Miniflecken, die im diffus reflektierten Licht des Lasers zu sehen sind. Diese sind nichts anderes als Interferenzerscheinungen, die nur zu sehen sind, weil eben der Laser kohärente Strahlung abgibt. Diese Kohärenz kann nun auch auf Atome übertragen werden, wodurch es möglich wird, Quantensysteme so zu manipulieren, dass neue verblüffende Eigenschaften zu erkennen sind. Dies ist Teil des fünften Kapitels, der einen Vortrag von Professor Dr. Thomas Halfmann zusammenfasst und von Frau Marie J. Charrier geschrieben wurde. Hier wird ein breites Spektrum an Möglichkeiten, die sich durch den Laser in der modernen Forschung bieten, zusammengefasst. Besonderes Augenmerk gilt den kohärenten Manipulationen von Atomen und der nicht-linearen Optik. Durch erstere wird es möglich scheinbar paradox klingende Phänomene auszunutzen. So kann man Licht durch Licht schalten. Ein Kontrolllaser machte es möglich, eine Gaszelle für einen zweiten Laser durchsichtig und absorbierend zu schalten, was bereits eine einfache Form einer Informationsübertragung darstellt. Dies kann in der Komplexität aber gesteigert werden, indem man ganze Bilder – im Vortrag in Form der Zahl 5 – in einem Kristall speichert und später wieder auslesen kann. Die nicht-lineare Optik ermöglicht es, durch die hohen elektrischen Felder, die das Licht eines Lasers produziert, in Medien die Erzeugung neuer Lichtfelder bei anderen Frequenzen zu ermöglichen, was wiederum sehr spannende Anwendungen in der Mikroskopie und in der Untersuchung des Verhaltens von Flüssigkeiten und Gasen auf kleinstem Raum, der Mikrofluidik, besitzt.

Die beiden nächsten Kapitel wenden sich wiederum einem neuen Thema zu, hin zu noch komplexeren Systemen, die im Allgemeinen stark interdisziplinär ausgeprägte Forschungsrichtungen darstellen. Neben den sehr spannenden und komplexen Fragestellungen, die hier untersucht werden, ist es sehr interessant zu sehen, wie hier Physiker etwas entfernter von ihrem eigentlichen Forschungsgebiet faszinierende Rätsel lösen. Dabei liegt der Schwerpunkt auf der Übertragung komplexer Sachverhalte in einfache Modelle, wozu die analytischen Fähigkeiten und abstrakte Denkweise von Physikern beitragen können.

Der erste dieser beiden Vorträge von Frau Professorin Dr. Barbara Drossel, zusammengefasst wiederum von Frau

Marie J. Charrier, beschäftigt sich mit der Musterbildung in der Natur und dem System, wie hier Ordnung in das scheinbare Chaos gebracht wird. Ausgehend von einigen Beispielen wie den Steinkreisen in Gegenden des Permafrost, dendritischen Mineralienablagerungen, Gewitterblitzen, der Synchronisation der Bewegung von Vogelschwärmen oder der Bewegung von Schleimpilzen auf der Suche nach Nahrung, werden hier die Prozesse erklärt, die dazu führen, dass in diesen Systemen kein pures Chaos, sondern Ordnung herrscht. Es wird demonstriert, wie man durch relativ einfache Modelle zum Beispiel die Ausbreitung von Waldbränden oder die Entstehung von Tierfellmustern mit relativ einfachen physikalischen Prozessen verstehen kann.

Auch der letzte Vortrag beschäftigt sich zunächst mit einem scheinbar chaotischen Phänomen ohne Regeln, der Staubildung im Verkehr. Wie Frau Klara Maria Neumann in ihrem Artikel, der einen Vortrag von Professor Dr. Michael Vogel zusammenfasst, zeigt, genügen aber bereits wenige Annahmen, um die Vorgänge von Stauentstehung und -fortpflanzung zu verstehen und daraus Strategien zu entwickeln, wie ein solcher verhindert werden kann. Ein ganz anderer Typ von Stau steht dann im Mittelpunkt des weiteren Geschehens. Jeder hat das schon erlebt: Versucht man Kaffeepulver aus der Tüte zu schütten, kommt es immer wieder zur Verstopfung der Öffnung. Das Kneten der Tüte bringt dann meist Abhilfe. Der Physiker spricht hier von granularer Materie, und der Hintergrund des Verstopfens der Öffnung sind Kraftketten zwischen den Teilchen, die sich in Form von Bögen quasi wie eine Staumauer vor der Öffnung ausbilden. Im Mittelpunkt dieses Kapitels stehen auch Gläser und Polymere, die zum Teil sehr ähnliches

Verhalten zeigen, das vor allem dann spannend ist, wenn untersucht wird, wie sich deren Verhalten verändert, wenn sie in einen Container mit der Dimension von wenigen Nanometern gesperrt werden.

Und jetzt wünschen wir Ihnen eine fesselnde Lektüre der sehr vielseitigen, und abwechslungsreich geschriebenen Artikel, die Sie hoffentlich inspirieren wird, sich weiter und intensiver mit der faszinierenden Welt der Physik auseinander zu setzen. Viel Spaß und spannende Erkenntnisse.

2

Bausteine des Universums – Auf der Suche nach dem Unteilbaren

Vortragender: Robert Roth
Zusammenfassung: Klara Maria Neumann

Die Frage nach dem Elementaren ist alt. Woraus besteht die Welt? Woraus bestehen wir? Die Idee, alles, was ist, könnte nach einfachen Prinzipien und aus einfacher Grundsubstanz gebaut sein, fasziniert Menschen seit Jahrtausenden. Und seit Jahrtausenden gehen Menschen dieser Idee nach.

Anfangs waren derlei Gedanken mehr philosophischer Natur – im antiken Griechenland zum Beispiel. Die Griechen beantworteten die Frage nach dem Elementaren um 500 v. Chr. mit den „vier Elementen": Feuer, Wasser, Erde und Luft. In China benannte man fünf solcher Elemente. Man beobachtete die gleichen vier wie in Griechenland, benannte zusätzlich aber noch das Metall.

Schließlich wurde in dieser Epoche ein Begriff geprägt, der bis heute im Zusammenhang mit dieser Frage aktuell ist. Etwa 400 v. Chr. urteilte der Grieche Demokrit, dass Materie aus kleinsten unsichtbaren Bausteinen aufgebaut sein muss und charakterisierte diese als Bausteine, aus denen sich alles andere zusammensetzt, die aber selbst nicht mehr teilbar sind. Er nannte sie „Atomos", woraus der heutige Begriff des Atoms abgeleitet ist.

Die Frage nach ebendiesen unteilbaren „Elementarteilchen" hat nach Demokrits Ausspruch Generationen erst von Philosophen und dann von Physikern beschäftigt. Das Atom ist inzwischen ein fest etablierter Begriff der Physik. Schließlich stellte man aber fest, dass sich das Atom doch in noch kleinere Bestandteile zerlegen lässt. Als „Elementarteilchen" wurden Protonen, Neutronen und Elektronen bekannt, aus denen Atome und damit alle Materie aufgebaut sein sollte. 1932 waren diese drei Teilchen mit ihrer jeweiligen Masse und Ladung bekannt. Sowohl das Periodensystem der Elemente als auch die Nuklidkarte waren mit dem Bekannten vollständig zu argumentieren, und damit war man überzeugt, das Rätsel der Menschheit von den elementarsten Bausteinen und ihrer Rolle in der Welt sei gelöst.

Diese Vorstellung allerdings musste man berichtigen, als man Fotoplatten auswertete, die in einem magnetischen Feld auf einem Berg gestanden hatten. Man untersuchte die Spuren, die die sogenannte Höhenstrahlung auf den Platten hinterlassen hatte. Man bestimmte Masse und Ladung der Verursacher der Linien und erhielt zum damaligen Zeitpunkt unerklärliche Ergebnisse. So fand man zum Beispiel ein positiv geladenes „Elektron", also ein Teilchen von der Ladung eines Protons und der Masse eines Elektrons, das heute als Positron bekannt ist. Außerdem fand man völlig unerklärliche Arten von Teilchen, die wir mittlerweile als Myonen (Entdeckung 1937) und Pionen (1947–1950) kennen.

Strukturen im Kleinsten erforschen

Atome sind etwa 10^{-10} m, deren Kerne 10^{-14} m groß und die Nukleonen, aus denen sie bestehen, also Protonen und Neutronen (sowie die restlichen eben aufgeführten Teilchen) sind sogar noch kleiner: 10^{-15} m. Das ist längst außerhalb dessen, was das bloße menschliche Auge wahrzunehmen imstande ist; Menschen sind nur in der Lage, das sichtbare Licht, d. h. im Bereich von ca. 400–700 nm Wellenlänge, also 400×10^{-9} m bis 700×10^{-9} m, zu sehen. Die Auflösung von Mikroskopen ist auf Objekte von etwa der Größe der Wellenlänge begrenzt, in diesem Fall also rund 600×10^{-9} m. Selbst ein Atom ist schon kleiner.

Man benötigt, um zu Erkenntnissen über Strukturen auf atomarer Ebene zu gelangen, ein Elektronenmikroskop. Dieses nutzt aus, dass den oben beschriebenen Teilchen auch eine Wellenlänge zugeordnet werden kann. Diese ist nach dem Ansatz von de Broglie neben dem Planck'schen Wirkungsquantum h durch den Impuls p des Teilchens bestimmt: $\lambda = h/p$. Bestrahlt man eine Probe mit beispielsweise Elektronen der Energie $E = 10$ keV, so lässt sich dieser Energie eine Wellenlänge $\left(E = hf => E = h\dfrac{c}{\lambda} \right)$ von $\lambda = 0,01$ nm, also 10^{-11} m, zuordnen. Elektronen haben hierbei noch den entscheidenden technischen Vorteil, dass sie sich aufgrund ihrer Ladung durch ein elektrisches Feld einfach beschleunigen lassen. Das Elektronenmikroskop besitzt also ein Auflösungsvermögen von bis zu 10^{-11} m (s. Abb. 2.1).

Ähnlich lässt sich auch ein Beschleuniger wie der S-DA-LINAC an der Technischen Universität Darmstadt als „Rie-

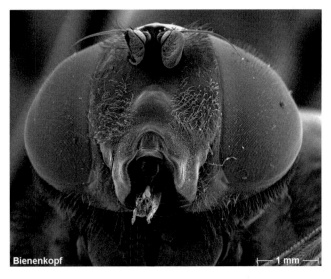

Bienenkopf

⊢— 1 mm —⊣

Abb. 2.1 Bienenkopf unter dem Elektronenmikroskop. (Mit freundlicher Genehmigung von A. Weick und G. Jourdan, Institut für Angewandte Physik, TU Darmstadt)

sen-Elektronen-Mikroskop" nutzen. Elektronen können hier zum Beispiel auf $E = 100$ MeV beschleunigt werden, das entspricht einer Wellenlänge von $\lambda = 10$ fm $= 10^{-14}$ m und damit bereits der Größe eines Atomkerns (s. Abb. 2.2).

Mit größeren Anlagen, wie sie zum Beispiel an der Gesellschaft für Schwerionenforschung (GSI) zur Verfügung stehen, lässt sich das noch weiter steigern. Mit einer Energie von $E = 90$ GeV erreicht man Auflösungen bis $\lambda = 10^{-17}$ m. Eine weitere Steigerung ist möglich, indem man schwerere geladene Teilchen beschleunigt. Die Masse eines Bleikerns zum Beispiel hilft diesem auf Energien von $E = 6$ TeV, das entspricht $\lambda = 10^{-19}$ m in der Auflösung.

Abb. 2.2 Der lineare Elektronenbeschleuniger S-DALINAC am Institut für Kernphysik. (Mit freundlicher Genehmigung von N. Pietralla, Institut für Kernphysik, TU Darmstadt, Foto: U. Krebs)

Auch hier geht die Skala immer noch weiter. Der derzeit leistungsstärkste Beschleuniger, der Large Hadron Collider (LHC) am CERN, bringt Energien von $E = 7$ TeV ($\lambda = 10^{-19}$ m) mit einem Proton und sogar $E = 600$ TeV ($\lambda = 10^{-21}$ m) mit einem Bleikern zustande (s. Abb. 2.3). Allerdings kann man mit dem neu gewonnenen Mikroskop nicht nur vergrößern, sondern man gewinnt auch hochenergetische Teilchen, mit denen sich Kollisionsexperimente durchführen lassen, die wichtige Daten über unser Modell vom Aufbau der Nukleonen, d. h. der Bestandteile des Atomkerns, liefern.

All diese Beschleuniger funktionieren nach dem gleichen Prinzip. Von einem elektrischen Feld werden Elektronen oder andere geladene Teilchen (Ionen) beschleunigt. Reicht

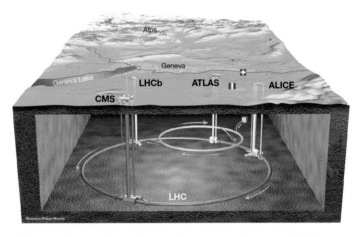

Abb. 2.3 Der LHC, der lineare Hadron Kollider, am CERN in der Nähe von Genf in der schematischen Übersicht. (© CERN, Foto: Philippe Mouche, http://cds.cern.ch/record/1708847/)

der Platz nicht für eine lange gerade Beschleunigungsstrecke, lassen sich die Elektronen mit magnetischen Feldern um Kurven lenken. Im S-DALINAC etwa durchlaufen Elektronen, um mit der dort maximal möglichen Energie ausgestattet zu werden, die Beschleunigungsstrecke dreimal. Die Experimente, die im Folgenden interessant sind, sind Kollisionsexperimente. Dabei lässt man also Teilchen mit hohen Energien aufeinander fliegen.

Das Ergebnis – die nach dem Stoß wegfliegenden Teilchen – wird zum Beispiel am LHC vom CMS-Detektor aufgefangen (s. Abb. 2.4). Dieser liefert aber zunächst verwirrende Ergebnisse: Bei einer Kollision zweier Teilchen weist er hinterher viel mehr Teilchen nach, offenbar können dabei neue Teilchen entstehen. Nach der Kollision von zwei

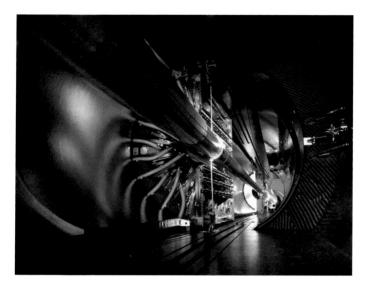

Abb. 2.4 Bild des CMS-Detektors am CERN mit dessen Hilfe, die nach einem Stoßexperiment wegfliegenden Teilchen nachgewiesen und später identifiziert werden können. (© CERN, for the benefit of the CMS Collaboration, Foto: Michael Hoch CMS-PHO-TRACKER-2014-001-2, http://cds.cern.ch/record/1977415)

Protonen etwa werden zwar auch zwei Protonen, aber zusätzlich noch ca. 100 weitere Teilchen registriert.

Dies geschieht, weil beim Aufprall Energie (nach $E = mc^2 = \sqrt{m_0^2 c^4 + p^2 c^2}$) teilweise in Ruhemasse m_0 umgewandelt wird. Allerdings entsteht ein Teilchen niemals aus dem Nichts. Es entsteht mit einem Teilchen auch immer das entsprechende Antiteilchen. Man spricht hierbei von Paarentstehung. Analog dazu lässt sich auch das Phänomen der Paarvernichtung (Ruhemasse wird in Energie umgewandelt) beobachten. So können aus der Kollision von zum Beispiel zwei Teilchen sehr geringer Masse aber hoher Geschwindigkeit Teilchen größerer Masse mit kleiner Geschwindigkeit erzeugt werden. Die neu entstandenen Teilchen werden zunächst in den Detektoren über ihre Energie registriert und dann auf diese Weise auch identifiziert.

Quarks und Leptonen: Die Unteilbaren

So lassen sich durch die Kollision der beiden bereits erwähnten Bleiatome Bedingungen schaffen, wie sie in natura vermutlich zuletzt beim Urknall geherrscht haben. Denn bei diesem Versuch ist eine große Energiemenge auf ein sehr kleines Raumvolumen zusammengedrängt, d. h. die Energiedichte ist sehr groß.

Die Entstehung hunderter und aberhunderter verschiedener Teilchen ist zwar faszinierend, wirft aber eine neue Frage auf: Sind die bekannten „Elementarteilchen" (Protonen, Neutronen, Elektronen) wirklich so elementar, wenn sozusagen aus ihnen andere und vor allem leichtere (unserem Verständnis nach kleinere) Teilchen entstehen können? Sind sie wirklich *unteilbar*? Ordnet man die Teilchen nach dem in diesem Zusammenhang wesentlichen Kriterium der Teilbarkeit, lassen sich folgende Kategorien unterscheiden: Die bereits bekannten Protonen und Neutronen bestehen aus Quarks; das macht sie zu so genannten Hadronen. Da es in beiden Fällen je drei Quarks sind, die das Teilchen bilden, gehören sie zur Subgruppe der Baryonen (sogenannte Mesonen bestehen aus nur zwei Quarks).

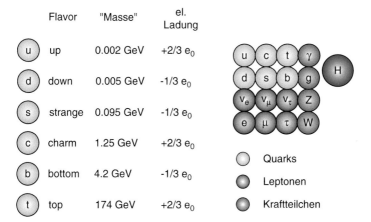

Abb. 2.5 Die sechs Quarks im Standardmodell mit den dazugehörigen Massen ausgedrückt als Energien gemäß der Einsteinschen Gleichung $E = mc2$ sowie deren Ladung. 1 eV (sprich ElektronVolt) entspricht 1.6×10^{-19} J. Rechts alle Teilchen des Standardmodells

Den Begriff *Quark* hat vor allem der theoretische Physiker Murray Gell-Mann im Jahr 1964 geprägt. Heute sind sechs verschiedene Arten (man spricht auch von *Flavours*, also „Geschmäcker") von Quarks bekannt. Nach dem Standardmodell der Teilchenphysik sind sie damit vollzählig (s. Abb. 2.5). Die Masse ist in GeV angegeben, dabei entspricht 1 GeV nach oben beschriebener Methode umgerechnet ca. 1 m_p (Protonenmasse). Zudem kommt auf jedes Quark noch ein Antiquark mit umgekehrter Ladung. Diese ist jeweils in Dritteln der Elementarladung e_0 angegeben, was die Ladung etwa eines Protons (zwei up- und ein down-Quark) von genau 1 e_0 erklärt.

Weiterhin kommen alle Arten von Quarks in jeweils drei verschiedenen „Farben" vor. Dieser Begriff für ein Unterscheidungsmerkmal hat mit Wellenlängen wie beim Licht nichts zu tun. Er wird in Analogie zu den drei Grundfarben rot, grün und blau verwendet, die sich zu weißem Licht neutralisieren, wenn man sie alle addiert. Entsprechend ist ein Quark entweder „rot", „grün" oder „blau" (Antiquarks: cyan, magenta, gelb) und ein Hadron stets „weiß". Baryonen setzen sich also aus einem roten, einem blauen und einem grünen Quark zusammen. Zugleich bestehen Mesonen immer aus einer *Farbe* und der zugehörigen *Anti-Farbe*, sodass auch diese in Summe „farblos" bzw. „weiß" sind. Das bedeutet aber auch, dass Quarks nicht voneinander isoliert auftreten können, was den Begriff *Elementarteilchen* als *unteilbares Teilchen* problematisch macht. Dennoch erklärt diese Theorie die Paarerzeugung und -vernichtung, und zwar als Umverteilung der bereits vorher vorhandenen Quarks.

Es gibt sie aber doch, Teilchen, die keine Hadronen sind, also nicht aus Quarks bestehen, und trotzdem nicht mehr teilbar sind. Auf sie trifft die eigentliche Wortbedeutung von *Elementarteilchen* also doch noch zu. Sie heißen Leptonen. Auch hiervon gibt es sechs. Zu ihnen gehört auch eines der „alten" Elementarteilchen, das Elektron.

Unabhängig davon, wie übersichtlich man all diese Teilchen auch immer einteilen mag, eine Problemstellung bleibt: Quarks und Leptonen sind keine Legosteine, die man aneinanderstecken kann, um Materie zu formen. Es muss etwas geben, was zwischen all diesen Teilchen als „Kleber" wirkt: Die Wechselwirkungen. Das sind Kräfte, die generell zwischen Teilchen auf atomarer und subatomarer Ebene wirken. Hiervon unterscheiden wir vier:

Zwischen Protonen und Elektronen zum Beispiel ist der Fall einfach. Gegensätzliche Ladungen ziehen sich an, und immer, wenn es um elektrische Ladungen geht, spricht man von elektromagnetischer Wechselwirkung. Wie alle elementaren Kräfte wird sie durch Botenteilchen oder Bosonen vermittelt. Im Fall der elektromagnetischen Wechselwirkung sind dies Photonen. Zwischen Quarks und Leptonen herrscht die schwache Wechselwirkung, ihre Botenteilchen heißen hier W^+-, W^- oder Z_0-Bosonen. Zwischen Quarks und so genannten Gluonen herrscht die starke Wechselwirkung. Das Botenteilchen ist hierbei das Gluon selbst.

Die Gravitation als vierte Wechselwirkung fällt hier aus der Reihe, da sie von der Masse (und dem Abstand) abhängt anstatt von der Art der wechselwirkenden Teilchen. Vergleicht man mit ihr allerdings die starke Kraft, so fällt auf, dass die Gravitation sich umgekehrt proportional zum Quadrat des Abstandes der wechselwirkenden Teilchen verhält, während die starke Kraft zunächst vom Abstand unabhängig ist. Dies hat jedoch eine wichtige Folge.

Stellt man sich vor, die starke Kraft bestimme die Wechselwirkung zwischen der Erde und einem Satelliten, so würde das bedeuten, der Satellit könnte den Einflussbereich der Erde nie verlassen. Ebenso wenig kann ein Quark den Einflussbereich eines anderen verlassen, wenn man zum Beispiel versuchen würde, ein Meson auseinanderzuziehen. Versucht man es dennoch, so wird das Feld der starken Kraft schlauchförmig auseinandergezogen. Denn die Gluonen bleiben immer auf möglichst kleinem Raum zusammen. Schließlich ist zwischen den beiden Quarks eine derart große Energiemenge vorhanden, dass diese teilweise in Ruhemasse umgewandelt wird. Hier lässt sich erneut die Paarerzeugung beobachten, denn es entstehen dann ein neues Quark und sein Antiquark. Dies deckt sich auch mit dem Sachverhalt, dass Quarks nicht separiert werden können.

Dies ist ein recht simples Bild dessen, was man über den Aufbau der Materie weiß. Die komplizierte Version all dessen, die physikalische Theorie, die dahinter steckt, heißt Quantenchromodynamik (QCD). In diesem Rahmen wird selbst das Berechnen einer „einfachen" Masse zu einer Herausforderung, der weder unser Gehirn noch unser Taschenrechner gewachsen ist. Mittlerweile verfügen die theoretischen Physiker über ganz besonderes Spielzeug. Supercomputer heißen die Maschinen, die ganze Räume füllen. Der seit kurzem leistungsfähigste Computer dieser Art heißt TITAN. Er verfügt über 300.000 Cores und 20.000 Grafikkarten, die für einen Großteil seiner Leistung verantwortlich sind, und leistet damit in der Sekunde 20 Petaflop (flop = Floating-Point-Operations). Mit ihrer Hilfe werden nach der QCD nicht nur Teilchenmassen, sondern zum Beispiel auch die Lebensdauern der verschiedenen Teilchen bestimmt.

Auch den Begriff des Vakuums muss man im Rahmen der QCD erneut überdenken. Denn im Vakuum befindet sich nicht Nichts, sondern Gluonen entstehen und vergehen laufend (s. Abb. 2.6). Die Netto-Summe der Teilchen im Vakuum bleibt allerdings dennoch Null, das heißt mit Materie entsteht immer auch Antimaterie, ein Ungleichgewicht kann es nicht geben.

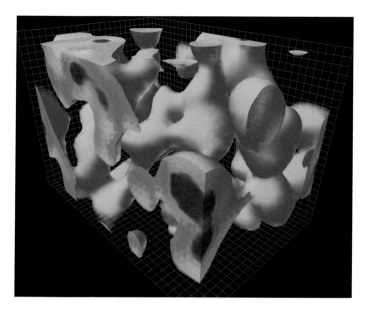

Abb. 2.6 Grafische Veranschaulichung des Vakuums, in dem Gluonen laufend entstehen und wieder zerfallen. (Mit freundlicher Genehmigung von Derek Leinweber, CSSM, University of Adelaide, http://www.physics.adelaide.edu.au/theory/staff/leinweber/VisualQCD/Nobel/)

Das Higgs-Teilchen

Noch immer hat die Gravitationskraft in den bisherigen Zusammenhängen keinen Platz gehabt. Sie hängt von der Masse ab, und auch die Entstehung der Masse eines Körpers ist durch bloßes Summieren seiner im Vorangegangen beschriebenen Einzelteile nicht zu erklären.

Wie kommen die Teilchen also zu ihrer Masse? Das hier beschriebene Standardmodell zur Struktur von Materie hat mathematisch unumgänglich zur Folge, dass die Masse dynamisch erzeugt werden muss (die entsprechenden Zusammenhänge nennt man Eichfeldtheorie). Demnach erhalten Teilchen ihre Masse durch Kopplung an ein neues skalares Feld (dem sog. Higgs-Mechanismus), dem man nach dem schottischen Physiker Peter Higgs (der die Existenz des Higgs-Teilchens vorschlug) den Namen Higgs-Feld gab.

Das Higgs-Feld kann man sich sehr stark vereinfacht übertragen auf eine Menschenmasse wie folgt vorstellen. Versucht eine Person von hohem Bekanntheitsgrad die Versammlung zu durchqueren, wird sie besonders langsam vorankommen, da ihr viele Menschen die Hand schütteln möchten und sich um sie herum drängen; das Higgs-Feld wechselwirkt also mit einem Teilchen, das sich in diesem befindet. Dabei verleiht es ihm Masse (erschwert das Durchkommen durch die Menschenmenge). Wird das Higgs-Feld angeregt, ohne dass ein Teilchen hindurchfliegt (die Person taucht nicht auf, die Menschenmenge hört aber von ihm und beginnt erwartungsvoll zu tuscheln), spricht man bei der Verdichtung des Higgs-Feldes vom Higgs-Teilchen (s. Abb. 2.7).

Nun haben sich im Sommer 2012 die Anzeichen verdichtet, dass die Messungen des LHC (CERN) tatsächlich die Existenz eines Higgs-Teilchens nachweisen konnten. Die Theorie ist schon einige Zeit so weit, sagen zu können, dass das Higgs-Teilchen wohl in zwei γ-Photonen zerfällt. 2012 zeigten die Messergebnisse diesen Vorgang (s. Abb. 2.8). Die weitere Auswertung legte nahe, dass es sich bei dem Fund um ein ungeladenes, zuvor noch nicht ge-

Abb. 2.7 Cartoon des Higgs-Feldes, das einem Prominenten äh-nelt, der sich während einer Cocktailparty durch den Raum schiebt. (© CERN, Georges Boixader, http://cds.cern.ch/record/629193)

messenes Boson einer Masse von 126 GeV handelte; bei-des Daten, die mit den theoretischen Vorhersagen für das Higgs-Teilchen übereinstimmen.

Inzwischen ist die Entdeckung des Higgs-Teilchens durch weitere Daten und Analysen bestätigt und Peter Higgs er-hielt gemeinsam mit Francois Englert den Nobelpreis für Physik 2013 für die theoretischen Vorhersagen. Dennoch wird weitergeforscht, um die Wahrscheinlichkeit für einen Zufall weiter zu senken und mehr Informationen über das Higgs-Teilchen zu gewinnen.

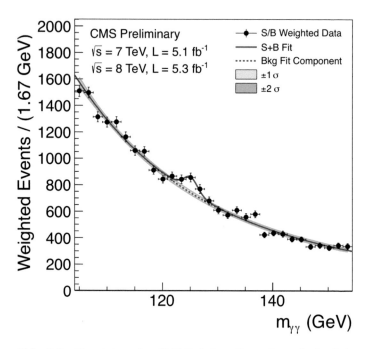

Abb. 2.8 Messdaten der CMS-Kollaboration, die auf die Entdeckung des Higgs-Bosons hinweist. (© CERN for the benefit of the CMS Collaboration, CMS; L. Taylor, http://cds.cern.ch/record/1459463)

So ist die Suche nach dem Elementaren noch nicht beendet. Der Begriff des „Elementar-"Teilchens ist dennoch strittig, da er bei seiner Einführung unter anderem für Teilchen verwendet wurde (und sich für diese auch gehalten hat), die im Nachhinein doch weiter teilbar waren (Protonen, Neutronen).

Immerhin scheint mit den Quarks tatsächlich die Grenze der Teilbarkeit erreicht. Auch nach einer vollständigen Theorie wird weiter gesucht. Das Standardmodell der Teilchenphysik erklärt zwar alle bisherigen experimentellen Befunde. Beim Thema Gravitation klafft allerdings trotz Higgs-Teilchen weiterhin eine Lücke. Die Untersuchung des Higgs-Teilchens hat obendrein gerade erst begonnen. Die eingangs gestellten Fragen als beantwortet zu bezeichnen, wäre also zu einfach. Schließlich stehen noch einige Antworten aus, nach denen schon jetzt weiter gesucht wird.

3

Vom Atomkern zur Supernova – Die Synthese der Elemente

Vortragender: Norbert Pietralla
Zusammenfassung: Marie Joelle Charrier

Die Bausteine unserer Materie und des Weltalls

Wie sind die Elemente, die wir aus dem Periodensystem kennen, entstanden? Mit dieser Frage beschäftigen sich Physiker aus aller Welt. Auch wir wollen uns nun damit auseinandersetzen. Dazu werfen wir einen Blick in unsere Umwelt. Wir bewegen uns zunächst im Größenbereich eines Meters, der sogenannten Makrowelt. Ein Sandstrand zum Beispiel besteht aus unzähligen kleinen Sandkörnern, die zusammen eine viele Quadratmeter große Fläche bedecken (siehe Abb. 3.1).

Geht man ins Detail, so sieht man, dass ein einzelnes Sandkorn mit einer Größe von 10^{-3} m noch ohne Probleme mit bloßem Auge erkennbar ist. Doch woraus besteht dieses Sandkorn? Mithilfe der Mikroskopie kommen wir seinen Bausteinen näher. Wir begeben uns nun in den Mikrobereich. Mithilfe spezieller Mikroskope, deren Auflösungs-

Abb. 3.1 Sanddünen am Meer (**a**), die aus unzähligen kleinen Sandkörnern (**b**) zusammengesetzt sind. (a © StevanZZ/iStock, **b** © 3quarks/iStock)

vermögen besonders hoch ist, entdecken wir, dass es sich bei diesem zunächst noch unbekannten Körnchen Etwas um eine Verbindung aus Silizium (Si) mit zwei Sauerstoffatomen (O) handelt. Wie sehr wir ins Detail gehen können, ist von der Wellenlänge der zur Beobachtung genutzten Strahlung abhängig. Denn auch Teilchen besitzen eine solche Wellenlänge. Die Gleichung zur Berechnung dieser lautet: $\lambda = h/p$

„λ" stellt hierbei die Wellenlänge dar. Wofür aber steht das „h"? Es ist eine Naturkonstante, das „Plancksche Wirkungsquantum". Ihre Dimension ist ein Produkt aus Energie und Zeit. Und dies errechnet man aus den gebräuchlichen Größen Joule für die Menge an Energie und Sekunde als Zeitmaß. Die Konstante „h" ist sehr klein und hat ungefähr einen Wert von $6{,}6 \times 10^{-34}$ Js. „p" stellt den Impuls dar, über den dieses Teilchen mit der Wellenlänge „λ" verfügt.

Welle-Teilchen Dualismus

Die Frage, was Licht genau darstellt, war lange umstritten. Forscher wie Huygens oder Hooke sahen in Licht eine Wellenerscheinung, während Newton der Auffassung war, dass Licht ein Strom von Teilchen darstellte. Experimente zur Beugung durch Fraunhofer und Fresnel sowie Interferenzexperimente von Young schienen schließlich auf eine Wellenerscheinung schließen zu lassen, was dann durch die Aufstellung der elektro-magnetischen Wellengleichung durch Maxwell sowie die Entdeckung der entsprechenden elektro-magnetischen Wellen durch Hertz bestätigt schien. Die Arbeiten von Planck zum Spektrum eines Schwarzkörperstrahlers sowie die Erklärung des Photoeffektes durch Einstein brachten dann die Diskussion des Teilchenbilds zurück. Kurze Zeit später war klar, dass Licht dem Welle-Teilchen-Dualismus unterliegt, das heißt, je nach Experiment offenbart sich der Wellen- oder der Teilchencharakter. Diese Komplimentarität ist integraler Bestandteil der ab 1900 entstandenen neuen Theorie der Physik, der Quantenmechanik. 1924 postulierte de Broglie, dass auch Partikel, wie das Elektron oder Atome, diesen Welle-Teilchen-Dualismus offenbaren können. Mittels der angegebenen Gleichung lässt sich einem Teilchen mit dem Impuls p, dem Produkt aus Masse und Geschwindigkeit, eine Wellenlänge zuordnen. Unter geeigneten experimentellen Bedingungen lassen sich so auch Interferenzexperimente mit Elektronen, Neutronen, Atomen etc. durchführen, die Ergebnisse liefern, als ob sie mit Wellen dieser Wellenlänge durchgeführt wurden. Erste Experimente dieser Art wurden bereits 1929 durchgeführt.

So wie sich mit einem Lichtmikroskop Details auflösen lassen, die ungefähr die Größe der verwendeten Wellenlänge besitzen, gilt gleiches für "Mikroskope" die mit Teilchen arbeiten, also zum Beispiel auch Beschleunigeranlagen wie der Darmstädter Beschleuniger, die GSI, oder der LHC am CERN. Je höher die Energie der Teilchen, desto größer der Impuls und damit umso kleiner die Wellenlänge. Wegen dieser höheren Energien können daher kleine Details, wie die Struktur der Atomkerne oder sogar die Substruktur der Protonen und Neutronen – die Quarks – untersucht werden.

Mit einem Elektronenmikroskop können wir schon ein Siliziumatom mit einer Größe von 10^{-10} m ausmachen. Zum Vergleich: Ein Si-Atom ist über eine Million Mal kleiner als ein Sandkörnchen. Kaum zu glauben. Und eines davon ergibt nun zusammen mit zwei Sauerstoffatomen ein Molekül. Ganz viele Moleküle wiederum sind gemeinsam ein Sandkorn. Aber wie Physiker nun einmal sind: Das zu wissen, genügt ihnen noch lange nicht. Das wäre ja viel zu einfach.

Der deutsche Physiker Max Planck stellte durch die Herleitung des nach ihm benannten Strahlungsgesetzes, das das Emissionsspektrum eines schwarzen Körpers beschreibt, fest, dass manche Größen in der Natur quantisiert, das heißt nur in diskreten Werten vorkommen. Kurze Zeit später wurde klar, dass dies in der Welt der Quantenmechanik

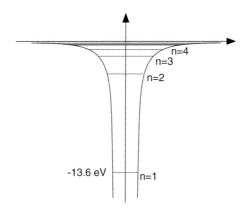

Abb. 3.2 Energieniveauschema des Wasserstoffatoms. Der Grundzustand mit $n = 1$ liegt bei einer Energie von 13.6 eV. Je höher die sogenannte Hauptquantenzahl n, desto enger zusammen liegen die Niveaus des Wasserstoffatoms

eine übliche Gegebenheit darstellt. Lasst uns nun gemeinsam eintauchen in die Welt der Quantenmechanik.

Betrachten wir nun ein Wasserstoffatom genauer. Es besteht aus einem Proton als Atomkern und einem Elektron in seiner Hülle. Ein Blick auf sein Energieschema zeigt uns, dass ein Elektron durch einen Quantensprung, dem Wechsel zwischen ganzzahlig zu zählenden Energieniveaus n, eine Übergangsstrahlung emittiert (siehe Abb. 3.2). Sie ist elektromagnetischer Natur und weist je nach Übergang verschiedene Energien mit entsprechend unterschiedlichen Wellenlängen auf.

Für das niedrigste Energieniveau, den Grundzustand, gilt $n = 1$, für den ersten angeregten Zustand $n = 2$ usw. Die

Energie lässt sich näherungsweise nach $E_n = -13{,}6$ eV/n^2 berechnen. Setzt man nun n gleich 1, ergibt sich für den Grundzustand ein Energiewert von $-13{,}6$ eV. 1 eV oder 1 Elektronvolt ist die Energie, die ein Elektron bei einer Spannung von 1 V besitzt. Warum aber ist dieser negativ? Zum einen ist das reine Definitionssache. Zum anderen ergibt diese Definition aber auch Sinn: Denn genau diese Energie müsste von außen aufgebracht werden, um das Elektron dem Atom aus seinem Grundzustand heraus zu entreißen, also das Atom zu ionisieren. Daher entspricht dieser Wert auch der so genannten Ionisationsenergie von Wasserstoff. Für $n = 2$ ergibt sich dann ein Wert von circa $-3{,}4$ eV ($-13{,}6$ eV/2^2) und für das nächst höhere Energieniveau $n = 3$, etwa $-1{,}5$ eV ($-13{,}6$ eV/3^2).

Mithilfe der Spektroskopie, der Aufspaltung von Licht in seine verschiedenen Farben, sieht man, aus welchen Wellenlängen das beim Quantensprung eines Elektrons innerhalb eines bestimmten Atoms erzeugte Licht zusammengesetzt ist. Ein solches Spektrum ist für jedes Element spezifisch wie ein Fingerabdruck für einen Menschen.

Bei einem elektromagnetischen Übergang eines Elektrons innerhalb der Atomhülle wird typischerweise ein Energiebetrag zwischen wenigen eV und 10.000 eV (= 10 keV) frei. Innerhalb des Kerns kann der Betrag der freigesetzten Energie schon einmal Größen von 100.000 eV, wenn nicht sogar zehn Million Elektronenvolt erreichen. Der Betrag der freigesetzten Energie ist umgekehrt proportional zur Wellenlänge „λ". Genauer gesagt gilt $E = hc/\lambda$, wobei c die Lichtgeschwindigkeit bedeutet.

Das Innenleben der Atome:
Der Atomkern und seine Bestandteile

Dringen wir nun aber noch tiefer in die Materie vor. Wie sieht es beispielsweise mit der Form des Atomkerns aus? Ist er kugelrund, und sind wirklich alle Exemplare gleich oder ist ein jeder individuell anders wie wir Menschen?

Mithilfe eines Elektronen-Linear-Beschleunigers (ELB), der die Elektronen dazu verleiten kann, enorm schnell zu werden, kann man etwas über das Innenleben eines Atomkerns rausfinden.

Das Silizium-Atom wird nun also mit beschleunigten Elektronen beschossen. In seinem Inneren sitzt der massive Atomkern, selber noch einmal etwa 10.000-mal kleiner als das gesamte Atom inklusive Hülle. Je nach Form des Kerns werden die eingeschossenen Elektronen unterschiedlich abgelenkt und in verschiedene Richtungen auf die Detektoren gestreut oder reflektiert. Schon wissen wir mehr. Bei derartigen Beschüssen zahlreicher Elemente hat man festgestellt, dass z. B. der Uran-Kern einem Rugby-Ball ähnelt („prolat"); Platin mit seinem flachen oder „oblaten" Kern gleicht da schon eher einer Oblate, wie man sie von Kokosmakronen kennt. Der Kern unseres Silizium-Atoms wiederum ähnelt einer Zitrone; Physiker bezeichnen seine Form als hexadekupol.

Aber das war doch nicht alles, oder? Nein, es gibt noch viel mehr zu entdecken!

Denn auch ein Atomkern hat ein Innenleben. Er besteht, aus Protonen und Neutronen. Die Anzahl der Protonen ist dabei immer gleich der Anzahl der im Atom vorhandenen

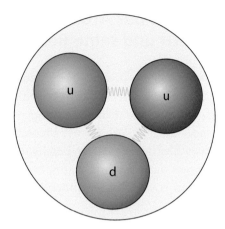

Abb. 3.3 Der Aufbau eines Protons aus drei Quarks. Zwei Up-Quarks und einem Down-Quark. Das „u" steht für „up- " und das „d" für „down-quark", den beiden Bausteinen von Protonen und Neutronen, aus denen ihrerseits die Atomkerne auf gebaut sind

negativ geladenen Elektronen. So ist das Atom in sich elektrisch neutral. Die positiv geladenen Protonen und die neutralen Neutronen sind in unserem Beispiel des Siliziums in gleicher Anzahl im Atomkern vorhanden. (Das muss aber nicht immer der Fall sein.)

Noch ein letzter Schritt, dann sind wir am Ziel, wenn es um die „Mikrowelt" geht: Denn auch Neutronen und Protonen sind noch immer nicht unteilbar. Sie bestehen jeweils aus drei Quark-Teilchen. Dies sind die bisher elementarsten entdeckten Bestandteile der Materie (siehe Abb. 3.3). So ein Quark ist mit seiner Größe von 1×10^{-18} m ganze tausendmal kleiner als ein Proton. Wir befinden uns nun also im Femtometer- und Attometer-Bereich.

Elemententstehung im Universum

Wie können wir aber die Entstehung der Elemente verstehen? Wenn wir die zuvor erworbenen Kenntnisse anwenden, können wir in einem nächsten Schritt schließlich die Mikro- und die Makrowelt verbinden. Denn das Größte ist aus dem Kleinsten aufgebaut und das Kleinste im Größten entstanden! So begab es sich also zu der Zeit einer zehntausendstel Sekunde nach dem Urknall, dass sich unsere Quarks zu Protonen und Neutronen vereinigten, welche sich schon wenige Minuten später zu Atomkernen zusammentaten (sie fusionierten). Man nannte ihn „Deuteron", der Kern des schweren Wasserstoffisotops Deuterium.

Bei Temperaturen unterhalb einer Million Grad Celsius ist dieses stabil. Doch das Deuterium verblieb nicht in seinem Zustand. Durch Kernfusionen bildeten sich die beiden nächst schwereren Elemente Helium und Lithium. Im Periodensystem kann man diese Reihenfolge gut nachvollziehen (siehe Abb. 3.4). Wasserstoff mit der Ordnungszahl 1 ($Z = 1$) setzt sich aus einem einfachen Proton oder aus dem Deuterium und einem Elektron zusammen. Helium ($Z = 2$) und Lithium ($Z = 3$) sind demzufolge Produkte mehrerer Proton- und Deuterium-Fusionen. Elemente mit höherer Ordnungszahl konnten so kurz nach dem Urknall nicht entstehen.

Etwa 200 Mio. Jahre nach dem Urknall kam es durch Gravitationskräfte schließlich zur Bildung der ersten Sterne. In deren Innerem herrschten schließlich die geeigneten Bedingungen, dass sich auch schwerere Elemente als Lithium bilden konnten. So hat zum Beispiel auch unser Silizium-Atom den Durchbruch geschafft. Des Weiteren

Legende

Ordnungszahl	Symbol	Serie
Name		
Atomgewicht	Wasserstoff	
Elektronen-		
konfiguration		

Ordnungszahl
schwarz = nicht radioaktiv
gelb = radioaktiv

Symbol
schwarz = Feststoff
rot = Gas
blau = Flüssigkeit

Serie
☐ Alkalimetalle
☐ Erdalkalimetalle
☐ Übergangsmetalle
☐ Lanthanoide
☐ Actinoide

☐ Metalle
☐ Halbmetalle
☐ Nichtmetalle
☐ Halogene
☐ Edelgase

durchgehend = natürliches Element
schraffiert = künstliches Element

Periode	1	2	3	4	5	6	7	8	9	10	11	12	13	14	15	16	17	18
1	**1 H** Wasserstoff 1,0079 1																	**2 He** Helium 4,0026 2
2	**3 Li** Lithium 6,941 2/1	**4 Be** Beryllium 9,0122 2/2											**5 B** Bor 10,811 2/3	**6 C** Kohlenstoff 12,011 2/4	**7 N** Stickstoff 14,007 2/5	**8 O** Sauerstoff 15,999 2/6	**9 F** Fluor 18,998 2/7	**10 Ne** Neon 20,180 2/8
3	**11 Na** Natrium 22,990 2/8/1	**12 Mg** Magnesium 24,305 2/8/2											**13 Al** Aluminium 26,982 2/8/3	**14 Si** Silicium 28,086 2/8/4	**15 P** Phosphor 30,974 2/8/5	**16 S** Schwefel 32,065 2/8/6	**17 Cl** Chlor 35,453 2/8/7	**18 Ar** Argon 39,948 2/8/8
4	**19 K** Kalium 39,098 2/8/8/1	**20 Ca** Calcium 40,078 2/8/8/2	**21 Sc** Scandium 44,956 2/8/9/2	**22 Ti** Titan 47,867 2/8/10/2	**23 V** Vanadium 50,942 2/8/11/2	**24 Cr** Chrom 51,996 2/8/13/1	**25 Mn** Mangan 54,938 2/8/13/2	**26 Fe** Eisen 55,845 2/8/14/2	**27 Co** Cobalt 58,933 2/8/15/2	**28 Ni** Nickel 58,693 2/8/16/2	**29 Cu** Kupfer 63,546 2/8/18/1	**30 Zn** Zink 65,38 2/8/18/2	**31 Ga** Gallium 69,723 2/8/18/3	**32 Ge** Germanium 72,64 2/8/18/4	**33 As** Arsen 74,922 2/8/18/5	**34 Se** Selen 78,96 2/8/18/6	**35 Br** Brom 79,904 2/8/18/7	**36 Kr** Krypton 83,798 2/8/18/8
5	**37 Rb** Rubidium 85,468 2/8/18/8/1	**38 Sr** Strontium 87,62 2/8/18/8/2	**39 Y** Yttrium 88,906 2/8/18/9/2	**40 Zr** Zirconium 91,224 2/8/18/10/2	**41 Nb** Niob 92,906 2/8/18/12/1	**42 Mo** Molybdän 95,96 2/8/18/13/1	**43 Tc** Technetium 98,91 2/8/18/13/2	**44 Ru** Ruthenium 101,07 2/8/18/15/1	**45 Rh** Rhodium 102,91 2/8/18/16/1	**46 Pd** Palladium 106,42 2/8/18/18	**47 Ag** Silber 107,87 2/8/18/18/1	**48 Cd** Cadmium 112,41 2/8/18/18/2	**49 In** Indium 114,82 2/8/18/18/3	**50 Sn** Zinn 118,71 2/8/18/18/4	**51 Sb** Antimon 121,76 2/8/18/18/5	**52 Te** Tellur 127,60 2/8/18/18/6	**53 I** Iod 126,90 2/8/18/18/7	**54 Xe** Xenon 131,29 2/8/18/18/8
6	**55 Cs** Caesium 132,91 2/8/18/18/8/1	**56 Ba** Barium 137,33 2/8/18/18/8/2	**57–71** siehe unten	**72 Hf** Hafnium 178,49 2/8/18/32/10/2	**73 Ta** Tantal 180,95 2/8/18/32/11/2	**74 W** Wolfram 183,84 2/8/18/32/12/2	**75 Re** Rhenium 186,21 2/8/18/32/13/2	**76 Os** Osmium 190,23 2/8/18/32/14/2	**77 Ir** Iridium 192,22 2/8/18/32/15/2	**78 Pt** Platin 195,08 2/8/18/32/17/1	**79 Au** Gold 196,97 2/8/18/32/18/1	**80 Hg** Quecksilber 200,59 2/8/18/32/18/2	**81 Tl** Thallium 204,38 2/8/18/32/18/3	**82 Pb** Blei 207,2 2/8/18/32/18/4	**83 Bi** Bismut 208,98 2/8/18/32/18/5	**84 Po** Polonium 209,98 2/8/18/32/18/6	**85 At** Astat (210) 2/8/18/32/18/7	**86 Rn** Radon (222) 2/8/18/32/18/8
7	**87 Fr** Francium (223) 2/8/18/32/18/8/1	**88 Ra** Radium 226,03 2/8/18/32/18/8/2	**89–103** siehe unten	**104 Rf** Rutherfordium (261) 2/8/18/32/32/10/2	**105 Db** Dubnium (262) 2/8/18/32/32/11/2	**106 Sg** Seaborgium (263) 2/8/18/32/32/12/2	**107 Bh** Bohrium (262) 2/8/18/32/32/13/2	**108 Hs** Hassium (265) 2/8/18/32/32/14/2	**109 Mt** Meitnerium (266) 2/8/18/32/32/15/2	**110 Ds** Darmstadtium (269) 2/8/18/32/32/17/1	**111 Rg** Röntgenium (272) 2/8/18/32/32/18/1	**112 Cn** Copernicium (277) 2/8/18/32/32/18/2	**113 Uut** Ununtrium (287) 2/8/18/32/32/18/3	**114 Fl** Flerovium (289) 2/8/18/32/32/18/4	**115 Uup** Ununpentium (288) 2/8/18/32/32/18/5	**116 Lv** Livermorium (289) 2/8/18/32/32/18/6	**117 Uus** Ununseptium (293) 2/8/18/32/32/18/7	**118 Uuo** Ununoctium (294) 2/8/18/32/32/18/8

Lanthanoide

57 La Lanthan 138,91 2/8/18/18/9/2	**58 Ce** Cer 140,12 2/8/18/19/9/2	**59 Pr** Praseodym 140,91 2/8/18/21/8/2	**60 Nd** Neodym 144,24 2/8/18/22/8/2	**61 Pm** Promethium 146,90 2/8/18/23/8/2	**62 Sm** Samarium 150,36 2/8/18/24/8/2	**63 Eu** Europium 151,96 2/8/18/25/8/2	**64 Gd** Gadolinium 157,25 2/8/18/25/9/2	**65 Tb** Terbium 158,93 2/8/18/27/8/2	**66 Dy** Dysprosium 162,50 2/8/18/28/8/2	**67 Ho** Holmium 164,93 2/8/18/29/8/2	**68 Er** Erbium 167,26 2/8/18/30/8/2	**69 Tm** Thulium 168,93 2/8/18/31/8/2	**70 Yb** Ytterbium 173,05 2/8/18/32/8/2	**71 Lu** Lutetium 174,97 2/8/18/32/9/2

Actinoide

89 Ac Actinium (227) 2/8/18/32/18/9/2	**90 Th** Thorium 232,04 2/8/18/32/18/10/2	**91 Pa** Protaktinium 231,04 2/8/18/32/20/9/2	**92 U** Uran 238,03 2/8/18/32/21/9/2	**93 Np** Neptunium 237,05 2/8/18/32/22/9/2	**94 Pu** Plutonium (244,10) 2/8/18/32/24/8/2	**95 Am** Americium (243,10) 2/8/18/32/25/8/2	**96 Cm** Curium (247,10) 2/8/18/32/25/9/2	**97 Bk** Berkelium (247,10) 2/8/18/32/27/8/2	**98 Cf** Californium (251,10) 2/8/18/32/28/8/2	**99 Es** Einsteinium (257,10) 2/8/18/32/29/8/2	**100 Fm** Fermium (257,10) 2/8/18/32/30/8/2	**101 Md** Mendelevium (258) 2/8/18/32/31/8/2	**102 No** Nobelium (259) 2/8/18/32/32/8/2	**103 Lr** Lawrencium (260) 2/8/18/32/32/9/2

Abb. 3.4 Periodensystem der Elemente. (Bild: Dr. Cüppers, public domain, https://commons.wikimedia.org/wiki/File:Periodic_table_(German).svg)

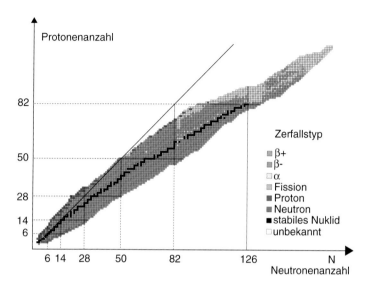

Abb. 3.5 Nuklidkarte („Isotopentabelle Segre" von Mapmaster. Lizenziert unter CC BY-SA 3.0 über Wikimedia Commons – https:// commons.wikimedia.org/wiki/File:Isotopentabelle_Segre.svg)

entstanden Atome bis zur Ordnungszahl 28 (Nickel). Mehr konnte die Elementsynthese durch Kernfusion aber leider nicht bieten, denn die durch sie freigesetzte Energie endet bei Nickel, den am stärksten gebundenen Atomkernen, die es gibt. Zur Synthese schwererer Elemente, die wir auch in unserer Umwelt auf der Erde finden, sind also andere Prozesse als Kernfusion notwendig.

Die im Kasten abgebildete Nuklidkarte kann man auch als das „Periodensystem der Kernphysiker" bezeichnen. Hier findet man alle Elemente, je nach Protonenzahl und zugehöriger Neutronenanzahl inklusiver aller Isotope (siehe Abb. 3.5). Alle Isotope eines Elements besitzen die gleiche Protonenzahl, aber eine unterschiedliche Neutronenanzahl.

Nuklidkarte

In der Nuklidkarte werden alle Elemente inklusive aller bekannten Isotope eines Elements aufgeführt. Isotope sind Atome mit gleicher Protonenanzahl, aber unterschiedlicher Neutronenanzahl. Darüber hinaus finden sich Informationen, ob ein Isotop stabil oder instabil ist und über welchen Zerfall und welche Halbwertszeit das Isotop zerfällt. Gold (Au) beispielsweise mit der Ordnungs- bzw. Protonenzahl 79 und einer Neutronenanzahl von ca. 118 (Massezahl 197 subtrahiert mit der Protonenzahl) ist fast am oberen Ende der schwarzen „Linie" anzufinden, die die stabilen Elemente anzeigt. Uran hingegen (P-Anzahl = 92, N-Anzahl = 146) gehört schon nicht mehr zu den stabilen Elementen, sondern zerfällt radioaktiv in etwa 5 Mrd. Jahren in leichtere Atomkerne unter Abstrahlung von Alpha-, Beta- und Gammastrahlung.

Doch unter welcher Bedingung kam es letztendlich doch zur Bildung schwerer Elemente wie Gold oder Uran? Diese Atomkerne unterscheiden sich stark in der Masse von den leichteren Elementen. Es muss also Masse her. Und die haben sich die schwereren Elemente ab dem Nickel durch den Einfang von Neutronen zugelegt. Bei Temperaturen von über 100 Mio.°C, wie sie beim Brennen eines Sterns erreicht werden, ist dies durchaus kein unmögliches Unterfangen mehr. Ein neues Element entsteht dann durch den anschließenden Zerfall der Neutronen in Protonen. Auch bekannt als der „slow"-Prozess oder s-Prozess, der langsame

Weg zur Erzeugung von schweren Elementen in der Natur. Der Prozess erhält seinen Namen, da der Neutroneneinfang langsam im Vergleich zum Zerfall des Neutrons erfolgt. Veranschaulicht ist dies anhand eines Wolfram-Isotops, des „W 184" mit der Protonenzahl 74, das zum Schluss zu „Hg 201" (Protonenzahl = 80), also einem Quecksilber-Isotop wird.

Jetzt fehlen aber noch immer die Elemente, die weder durch Fusion noch durch den s-Prozess-Neutroneneinfang synthetisiert werden können, wie etwa das schon angesprochene Uran. Und damit wären wir bei einer Supernova (siehe Abb. 3.6), dem explosionsartigen Sterben eines Sterns mit etwa 10 Sonnenmassen. Wenn die Fusionsprodukte aufgebraucht sind, kollabiert der Stern unter seiner eigenen Schwerkraft. Dabei wird eine Unmenge Energie frei. Die Temperatur, die dabei erreicht wird, erreicht man nicht durch alle Backöfen der Welt zusammen: 1 Mrd.°C. Dies führt zu neuen Kernreaktionen.

Eine dieser Reaktionen ist der r-Prozess, oder „rapider" Neutroneneinfang. Hier erfolgt der Neutroneneinfang so schnell, dass die bereits gefangenen Neutronen nicht schon durch Zerfall in Protonen verloren gehen können. Es sammeln sich also zunächst eine Menge zusätzlicher Neutronen an, bevor dann schließlich doch ein Neutron in ein Proton zerfällt und ein neues Element bildet. Isotope des Osmiums wie „Os 192" oder Platin „Pt 198" und auch das langlebige Uran entstanden im Laufe des „r-Prozesses".

Durch den Urknall, das Brennen von Sternen und deren Explosionen, der Supernovae, wurden also alle heute bereits

Abb. 3.6 Der Krebsnebel, das Resultat einer Supernova, die 1054 v. Chr. beobachtet wurde, ist mit geheimnisvollen Filamenten erfüllt, die nicht nur sehr komplex sind, sondern auch weniger Masse zu haben scheinen als die, die in der Supernova heraus geschleudert wurde. Der Krebsnebel besitzt einen Durchmesser von etwa 10 Lichtjahren. Im Zentrum des Nebels befindet sich ein Pulsar: ein Neutronenstern so massiv wie die Sonne, aber nur der Größe einer kleinen Stadt. Er dreht sich etwa 30-mal pro Sekunde um sich selbst. (Mit freundlicher Genehmigung von NASA, ESA, J. Hester, A. Loll (ASU), http://www.nasa.gov/multimedia/imagegallery/image_feature_1604.html)

entdeckten Elemente synthetisiert. Dieses qualitative Verständnis allein reicht aber in der Physik nicht aus. Denn auch auf die Quantität kommt's an! Kommen wir also zum dritten Teil unserer großen Entdeckungsreise …

Die Experimentalphysik –
Probieren geht über Studieren

Das mit dem „Probieren geht über Studieren" stimmt natürlich nicht ganz in der Physik. Klar, es macht einen Riesenspaß, von der Theorie in die Praxis überzugehen, aber auf theoretische Vorhersagen kann nicht verzichtet werden.

Die besonders schweren Elemente (die, die viele Neutronen und Protonen haben), die durch den rapiden Neutroneneinfang (r-Prozess) entstehen, sind nicht nur gewichtsmäßig äußerst schwer, sondern auch messtechnisch „schwer", denn dank ihrer meist kurzen Halbwertszeit beträgt ihre Lebensdauer oft nur wenige tausendstel Sekunden. Noch nie zuvor synthetisierte Elemente sind auf der Nuklidkarte grau gekennzeichnet und basieren lediglich auf theoretischen Vorhersagen.

Also doch nichts mit reiner Experimentalphysik. Experimente sind schwer zu realisieren und sehr energie- und zeitaufwändig, weshalb die theoretischen Vorhersagen so wichtig sind. Damit dies gelingen kann, ist es von Bedeutung, wie gut man das Verhältnis der Kräfte zwischen einer großen Anzahl an Neutronen und Protonen versteht, die bei den radioaktiven Elementen vorzufinden sind.

Um dies zu veranschaulichen, führen wir folgendes mechanische Experiment durch: Zwei Massen werden nebeneinander als freie Pendel aufgehängt und mit einer Feder verbunden (aneinander gekoppelt) (siehe Abb. 3.7 im Kasten).

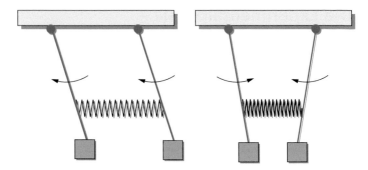

Abb. 3.7 Mechanische Schwingungsformen einer Anordnung aus zwei identischen, gekoppelten Pendeln. Links die symmetrische Schwingung, rechts die anti-symmetrische, bei der sich die beiden Pendel jeweils aufeinander zu- bzw. voneinander wegbewegen

Symmetrische/Asymmetrische Schwingung

Eine Masse stellt das Proton, die andere das Neutron dar. Nun versetzen wir beide Massen in Schwingung, einmal synchron und einmal gegeneinander versetzt, also der symmetrischen bzw. asymmetrischen Schwingung. Eine schwache und eine starke Spiralfeder sollen die unterschiedlich starken „Kopplungskräfte" zwischen den Protonen und Neutronen simulieren, die wir verstehen möchten. Gemessen werden die durch die Schwingungen erzeugten Frequenzen in insgesamt vier Experimenten.

Es zeigt sich, dass sich bei der symmetrischen, das heißt in die gleiche Richtung verlaufenden, Schwingung der Kugeln die erzeugten Frequenzen bei Nutzung der starken und schwachen Feder nicht unterscheiden. Experiment (a) verrät uns also: Die Frequenz hängt nicht von der Kopplungskraft ab, wenn man symmetrische Schwingungen betrachtet.

Was sagt Experiment (b) dazu? Es liefert das Ergebnis, dass bei asymmetrischen Schwingungen die Frequenz von der Stärke der benutzten Feder abhängt. Im übertragenen Sinn kann man also sagen, dass man etwas über die Kopplungskräfte von Neutronen und Protonen herausfinden kann, wenn man sie in asymmetrische Schwingungen gegeneinander versetzt. Und diese Kopplungskraft kann man anhand der gegenseitigen Schwingungsfrequenz herausbekommen.

Über die Betrachtung eines mechanischen Analogons haben wir gesehen, dass man über die Betrachtung der Schwingungen von Neutronen und Protonen Informationen über die Kopplungskräfte erzielen kann. So, nun aber genug von Spiralfedern. Was passiert eigentlich, wenn ich den Atomkern in Schwingung versetze?

Dazu ein weiterer Versuch. Du kennst doch bestimmt das Phänomen des durch lautes Geräusch zerplatzenden Glases, oder? Genau das werden wir jetzt ausprobieren. Doch kein Grund zur Sorge. Das einzige, was wir dem Glas an Inhalt lassen, ist die nach zwei Stunden Vorlesung schon etwas sauerstoffarme Luft des Physik-Hörsaals und ein Ping-Pong-Ball. Es ist also ein sauberes Experiment. Damit das Glas nicht fliehen kann, wird es in einen Glaskasten gesperrt und mit einer Zange festgehalten. Ein bisschen Ärgern muss sein, also lassen wir es erstmal eine Weile in den Genuss hochfrequenter Töne bringen, die es zwar nicht zum Platzen, doch aber zum Schwingen bringen, wenn wir genau die richtige Tonhöhe treffen. Dies nennt man Resonanz. Und dann kommt das eigentlich spannende. Ein kurzer Augenblick: Die Lautstärke bei der Resonanz wird erhöht, und das Glas kann nicht mehr anders als zu platzen.

So weit, so gut. Was haben wir jetzt von diesen Experimenten? Es sagt uns, dass auch ein Atomkern Resonanzen hat und wir einen Atomkern nur in Schwingungen versetzen müssen, um etwas über die wechselwirkenden Kräfte seiner Protonen und Neutronen zu erfahren. Zu vergleichen sind diese Schwingungen mit der hohen Frequenz, die unser Glas zunächst zum Schwingen und anschließend zum „Überschwingen", also Zerspringen, gebracht hat.

So etwas realisieren Kernphysiker im S-DALINAC (siehe Abb. 3.8). Dieser extrem leitfähige (supraleitende) Elektronen-Linear-Beschleuniger der Technischen Universität Darmstadt verpasst den Elektronen Geschwindigkeiten, die mit denen des Lichts vergleichbar sind. Hat man das erst mal geschafft, kommt der nächste Schritt: Man schießt die Elektronen auf Atomkerne, versetzt sie also in die zuvor erwähnte elektromagnetische Schwingung, und beobachtet, „was dabei rauskommt". In diesem Fall ist als Ergebnis die Streuungshäufigkeit der Elektronen interessant. Diese sagt dann etwas über die Stärke der Resonanz, das heißt, wie sehr der Atomkern auf den Beschuss reagiert, aus: eine „Kernreaktion" also, die uns die Schwingungsfrequenz zwischen Protonen und Neutronen – und damit die Kopplungsstärke zwischen ihnen – verrät. Der Beschuss und die Messung finden im Elektronenspektrometer statt. Das beinhaltet die Kammer zum Fixieren des Zielobjekts und einen starken Dipolmagnet sowie die Nachweisdetektoren.

Gemessen wird so die Reaktion des Atomkerns auf den Beschuss von Elektronen unterschiedlicher Energie. So lassen sich zum einen die Resonanzen der Schwingungen zwischen Protonen und Neutronen finden und den symmetrischen und asymmetrischen Schwingungen analog zu

Abb. 3.8 Der S-DALINAC, der Elektronenbeschleuniger der TU Darmstadt, der übrigens eigenhändig von motivierten Physik-Studenten gebaut worden ist und weltweit eines der besten „Atomkernmikroskope" darstellt

den Pendeln zuordnen. Aus den Schwingungsfrequenzen können die Kopplungsstärken und so die Kräfte zwischen den Protonen und Neutronen gefunden werden. Das ist der Schlüssel, der uns schließlich in die Lage versetzt, die Struktur der Kerne während der Supernova ergründen zu können.

4

Kalte Atome – Die kälteste Materie im Universum

Vortragender: Gerhard Birkl
Zusammenfassung: Alexandra Teslenko

Als warmblütige Lebewesen versuchen wir Menschen der ungemütlichen Kälte zu trotzen und ihr zu entfliehen. Nicht so die Physiker in ihrer Forschung. Denn je näher man an den absoluten Nullpunkt gelangt, desto spektakulärer werden die beobachteten Phänomene. **Die Physik friert nicht ein!** Die Physik verändert lediglich ihre Erscheinungsform und die Quantenphysik tritt in den Vordergrund. Auf der Suche nach der kältesten Materie der uns bekannten Welt entwickelten die Forscher geniale Methoden, um Atome abzukühlen und bildeten damit das Fundament für die weitreichende Entwicklung.

Wie kalt ist kalt?

Um ein Gefühl für Kälte zu erhalten, können wir zunächst unsere Erde untersuchen. Am 21. Juli 1983 wurde in natürlicher Umgebung die niedrigste Temperatur auf der Erde gemessen. Diese betrug −89 °C, 184 K, und zwar in der

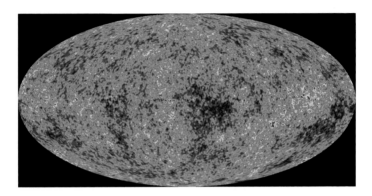

Abb. 4.1 Die kosmische Hintergrundstrahlung, ein Überbleibsel vom Urknall. Besonders interessant sind die kleinen Temperaturunterschiede, die unmittelbar auf Dichteunterschiede im frühen Universum hinweisen und der Grund für die heutigen Strukturen, Galaxien und Sterne, sind. (Bild: ESA und die Planck Collaboration, mit freundlicher Genehmigung von NASA/WMAP Science Team, http://map.gsfc.nasa.gov/media/121238/index.html)

Forschungsstation Vostok in der Antarktis. Doch dies war noch lange nicht kalt genug. Kältester Platz des Sonnensystems ist Triton, der größte Mond des Neptun, mit 38 K. Im Universum lässt sich eine Temperatur von nur 2,73 K, die kosmische Hintergrundstrahlung als Abbild der hohen Energiedichte des Urknalls, feststellen (siehe Abb. 4.1).

2,73 K stellten zwar einen „netten" Ausgangspunkt dar, aber für die aktuelle physikalische Forschung ist eine Temperatur notwendig, die im Mikro- bis Nanokelvinbereich über dem absoluten Nullpunkt liegt. Die Existenz dieses Grenzwertes geht dabei auf eine theoretische Berechnung zurück, gemessen wurde dieser aber nicht. Mithilfe ausgeklügelter Verfahren nähern sich die Physiker dem absoluten Nullpunkt asymptotisch und stellen dabei unser Wissen aus dem Alltag auf den Kopf.

Was ist Temperatur?

Temperatur lässt sich als das Maß für den Energiegehalt eines Körpers definieren. In einem Gas spiegelt die Molekülbewegung (Brown'sche Bewegung) die Wärmemenge wider. Anhand der Geschwindigkeit der Moleküle lässt sich die Wärmemenge bestimmen. Die Temperatur ist eine Messgröße der Wärme. Ähnlich wie bei den Längeneinheiten gibt es auch bei der Temperatur verschiedene Skalen, die gleichberechtigt in ihrer Anwendung sind. In der Physik und in der Chemie benutzt man aber oftmals die Kelvin-Skala, da diese die Berechnungen einfacher macht: Der absolute Nullpunkt liegt genau bei 0 K, bzw. − 273,15 °C. Flüssiger Stickstoff hat dagegen immer noch eine Temperatur von 77 K, obwohl weit unterhalb unserer täglichen Erlebniswelt. „Kalt" ist damit auch relativ. Während es nach oben hin keine wirkliche Temperaturgrenze gibt, ist der absolute Nullpunkt durchaus greifbarer. Der Zustand, an dem die Moleküle fast stillstehen, ist realisierbar, und die unfassbaren Phänomene der Quantenphysik werden dort sichtbar.

Laserkühlung

Will man eine Temperatur von 1 µK oder auch 1 nK erreichen, so müssen die Atome in einem Gas auf eine Geschwindigkeit von 3 cm/s bis 1 mm/s abgebremst werden. Bei normaler Raumtemperatur bewegen sich die Atome typischerweise dagegen mit Geschwindigkeiten von mehreren 100 m/s. Hier stellt sich die Frage: „Wie lassen sich die Atome soweit abbremsen?". Die Antwort darauf liefert die Laserkühlung. Bekannt ist der Laser vor allem anhand seiner zahlreichen Anwendungsgebiete. Die Lasershow und der Laserpointer sind harmlose Beispiele. Außerdem können Materialen mit einem Laser verarbeitet werden. Mit Laser lässt sich also Energie auf Materie übertragen. Aber wie kann ein Laser, der monochromatisches Licht aussendet, Atome abbremsen und damit auch kühlen?

Die Antwort heißt: Strahlungsdruck. Lichtquanten können bei Streuung einen Impuls an Atome übertragen und diese damit abbremsen. Ein Photon kann von einem Atom absorbiert werden. Dabei wird ein Elektron in ein höheres Energieniveau gehoben und der Photonenimpuls auf das Atom übertragen. Beim Verlassen dieses angeregten Zustands wird ein Photon in eine zufällige Richtung emittiert. Bei jeder Absorption wird das Atom ein wenig abgebremst, da es eine Art Rückstoß erhält. Da der Impuls des Photons viel kleiner als der Impuls des Atoms ist, verwendet man resonantes Laserlicht. Dadurch werden zahlreiche Photonen mit identischem Impuls vom Atom absorbiert, und so kann

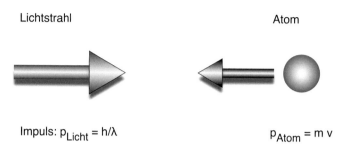

Lichtstrahl   Atom

Impuls: $p_{Licht} = h/\lambda$ $p_{Atom} = m\,v$

Abb. 4.2 Prinzip der Kühlung von Atomen durch Laserlicht. Das Atom bewegt sich auf den Laserstrahl zu und absorbiert ein Photon, wodurch dessen Impuls auf das Atom übertragen wird und es abbremst. Die anschließende Emission eines Photons erfolgt in eine beliebige Raumrichtung und hat so im Mittel keinen Effekt

dieses mit dem über 10.000-fachen der Erdbeschleunigung abgebremst werden (siehe Abb. 4.2). Das Laserlicht muss dabei die passende Wellenlänge, die Absorptionswellenlänge, haben, da jedes Element über ein spezifisches Absorptions- und Emissionsspektrum verfügt.

Um den Vorgang besser zu verstehen, lässt sich eine einfache Analogie herstellen. Ein fahrendes Auto, das ein Atom repräsentiert, wird durch einen Tennisball, der hier für ein Photon steht, entgegen der Fahrtrichtung beschossen. Das Auto wird nur um einen Bruchteil der Ausgangsgeschwindigkeit abgebremst. Verwendet man dagegen eine extrem schnelle Tennisball-Wurfmaschine, also das Äquivalent zu einem resonanten Laser, so wird das Auto deutlich schneller abgebremst, bis es zum Stehen kommt.

Magneto-optische Falle

Um den Abbremsvorgang effizienter zu gestalten und die gekühlten Atome zu sammeln, wird die Magneto-optische Falle (MOT) verwendet (siehe Abb. 4.3). Darin wird das Gas in drei Raumdimensionen gleichzeitig gekühlt. Durch den Einsatz von sechs Laserstrahlen (jeweils zwei entgegengesetzte pro Raumrichtung) kann das Gas außerdem in

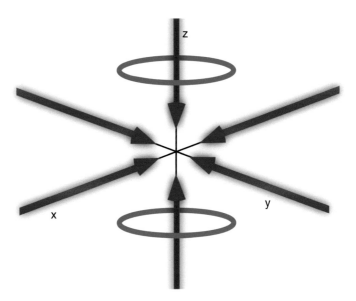

Abb. 4.3 Prinzipieller Aufbau einer magneto-optischen Falle. Es werden sechs Laserstrahlen in allen Raumrichtungen überlagert und zusätzlich ein schwaches Magnetfeld erzeugt, das seinen Nullpunkt im Kreuzungspunkt der Laserstrahlen besitzt

einem nächsten Schritt im so genannten optischen Gitter „gefangen" gehalten werden.

Im Experiment findet das Ganze unter Vakuumbedingungen statt. Das Gas, das abgekühlt werden soll, z. B. Natrium, strömt in das Vakuum und wird an der Stelle, wo sich sechs Laserstrahlen kreuzen, unter anderem mithilfe von Magnetfeldern festgehalten und abgekühlt. Die niedrigste Temperatur, die mit Laserkühlung typischerweise erreicht werden kann, beträgt $T = 1\ \mu K$.

Temperaturmessung

Die Temperatur des Gases lässt sich in der Magneto-optischen Falle nicht auf gewöhnlichem Weg mit einem Thermometer bestimmen. Unter anderem liegt dies daran, dass ein Messgerät nicht in die Atomwolke eingeführt werden kann, ohne die Wolke aufzuheizen. Es musste ein „Umweg" gefunden werden. Die Expansion der Atomwolke nach dem Abschalten des Laserlichts, welches das Gas festhielt, liefert Aufschlüsse über die Geschwindigkeit und damit die Temperatur des Gases.

Ziel ist es dabei, zu unterschiedlichen Zeiten nach Abschalten der Atomfalle ein Foto der Atomwolke aufzunehmen. Das kann wiederum durch die Beleuchtung der Atome mit Laserlicht erfolgen. Das Licht, das die Atome absorbieren, geht aus dem Laserstrahl verloren. Wird die Wellenlänge des eingestrahlten Lichts so angepasst, dass die einzelnen Gasmoleküle das Licht möglichst optimal absorbieren können, entsteht ein „Schattenbild" der Atomwolke.

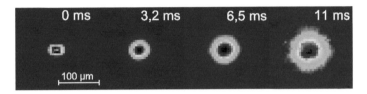

Abb. 4.4 Bildersequenz einer expandierenden Atomwolke. Die Farben in der dargestellten Bilderserie sind dabei ein Maß für die „Stärke des Schattens", die Atomzahl. (Mit freundlicher Genehmigung von G. Birkl, Institut für Angewandte Physik, TU Darmstadt)

Das Schattenbild kann mithilfe einer CCD-Kamera sichtbar gemacht werden (siehe Abb. 4.4).

Für das Kühlen und Fangen von Atomen mit Laserlicht ging 1997 der Nobelpreis für Physik an Steven Chu, Claude Cohen-Tannoudji und William D. Phillips. Jedoch ist die Temperatur von 1 μK über dem Nullpunkt für die Quantenphysik noch nicht kalt genug. Die Laserlichtmethode wird als „Vorkühlen" benutzt, es folgt aber noch ein weiterer Kühlschritt.

Kühlen mit Magnetfallen

Um zu noch niedrigeren Temperaturen zu gelangen, muss im Anschluss an die Laserkühlung ein weiteres Verfahren verwendet werden. Die Atome werden in Magnetfallen umgeladen, was geschieht, indem zusätzlich zu den relativ kleinen Magnetfeldern einer MOT starke Magnetfelder überlagert werden. Dann werden die mithilfe von Laserlicht vorgekühlten Atome entsprechend ihrer Energie aussortiert: Durch Verdampfungskühlung werden Atome mit

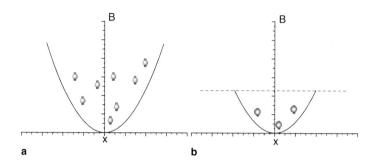

Abb. 4.5 Schema des Verdampfungskühlens mit einer Magnetfalle. Die Teilabbildung. a zeigt eine Magnetfalle mit dem räumlichen Verlauf der Magnetfeldstärke B. Ihr Minimum befindet sich am nächsten zum Ursprung des Koordinatensystems. Je kleiner die die Magnetfeldstärke wird, desto schlechter können energiereiche Atome festgehalten werden. Aber wie lassen sich kalte Atome von den etwas heißeren Atomen trennen? Senkt man nun die Magnetfeldstärke wie in **b**, so bleiben kältere Atome zurück, während energiereichere Atome „herausfallen". In der Magnetfalle bildet sich schließlich ein neues thermisches Gleichgewicht bei niedrigerer Temperatur

der höchsten Energie entfernt. Die in der Magnetfalle verbleibenden Atome sind kälter als diejenigen, die entfernt wurden (siehe Abb. 4.5a, b). Dieses Verfahren ist ähnlich dem Abkühlen von Kaffee in einer Tasse: Die schnellsten und damit heißesten Wassermoleküle verlassen in Form von Dampf den Kaffee und hinterlassen einen kühleren Tasseninhalt.

Die Magnetfalle hat eine maximale Anfangstiefe von nur 1 mK, deshalb müssen die Atome mit Laserlicht „vorgekühlt" werden. Sonst verfügen sie über zu viel Energie, um in der Falle zu verbleiben.

Temperatur nach der Verdampfungskühlung

Nach der Kühlung lässt sich, ähnlich wie bei der Magneto-optischen Falle, anhand der Expansion des Gases nach dem Abschalten der Magnetfalle die Geschwindigkeit und damit die Temperatur ermitteln. Die erreichbaren Temperaturen liegen dabei im Nanokelvin-Bereich über dem absoluten Nullpunkt.

Bose-Einstein-Kondensation (BEC)

Wie verhält sich nun ein so stark gekühltes Gas? Verfügt es noch über dieselben Eigenschaften wie vorher? Die Antwort ist: Nein! Denn nun kommt der Welle-Teilchen-Dualismus der Quantenmechanik zum Tragen. Den Atomen wohnen quasi ebenso wie den Photonen „zwei Seelen" inne. Bei hoher Temperatur verhalten sich die einzelnen Atome wie Teilchen, vergleichbar mit Billardkugeln. Sie stoßen gegeneinander, können Impulse übertragen und haben eine feste Ausdehnung. Nimmt die Temperatur ab, so gewinnen die quantenmechanischen Eigenschaften Oberhand. Atome erscheinen als über einen Raumbereich „verschmierte" Wellen. Bei weiterer Temperatursenkung werden die Wellenzüge der einzelnen Atome immer weiter gestreckt, sie überlappen sich gegenseitig und bilden eine einzige Materiewelle, (Phasenübergang bei T_c) das Bose-Einstein-Kondensat (**BEC**) (siehe Abb. 4.6). Dabei tritt die dominante Wellenfunktion in den Vordergrund.

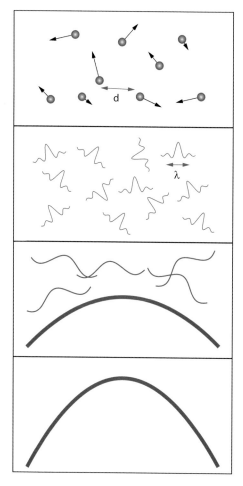

Abb. 4.6 Verdeutlichung der Bedeutung des BEC: Im oberen Kasten sieht man Gasatome bei Raumtemperatur. Sie fliegen wild durcheinander mit unterschiedlichen Geschwindigkeiten mit einem typischen Abstand d. Im Kasten darunter sind die Gasatome schon gekühlt, so dass die de Broglie-Wellenlänge langsam größer wird. Im dritten Bild befinden wir uns in der Nähe zum Übergang

Vergleich: Gewöhnliches Gas – Bose-Einstein-Kondensat

Bei diesem Vergleich lässt sich eine weitere Analogie aufstellen. Normales Gas sei das Licht einer Glühbirne, während das Laserlicht das BEC widerspiegelt. Gewöhnliches inkohärentes und divergentes Licht besteht aus vielen einzelnen Wellenzügen in vielen Moden. Das kohärente und monochromatische Laserlicht dagegen besteht aus einem einzelnen Wellenzug.

Bei Normalbedingungen sind die Atome voneinander unabhängig. Sie verhalten sich divergent und inkohärent. Außerdem weisen sie viele Moden auf. Im BEC bewegen sich die „Atome" gleichförmig. Sie sind gerichtet und kohärent. Die Atomansammlung erscheint monochromatisch und bildet eine einzige Materiewelle.

Für die experimentelle Umsetzung der Vorhersagen von Bose und Einstein erhielten 2001 Eric A. Cornell, Wolfgang Ketterle und Carl E. Wiemann den Physik-Nobelpreis für die Bose-Einstein-Kondensation.

Nachdem die Vorhersage des Bose-Einstein Kondensats experimentell bestätigt war, wurden die Eigenschaften näher untersucht. Nach den Theorien von Bose und Einstein

---

Abb. 4.6 (Fortsetzung) zum Bose-Einstein-Kondensat. Die de Broglie-Wellenlänge kommt in die gleiche Größe wie die Abstände der Gasatome. Erste Atome formieren sich zu einem Bose-Einstein-Kondensat und bilden ein System, das mit einer einzigen Welle beschrieben werden kann. Im vierten Bild sind schließlich alle Atome zu einem Bose-Einstein-Kondensat verschmolzen und bilden eine einzige Materiewelle. (Mit freundlicher Genehmigung von W. Ketterle, MIT)

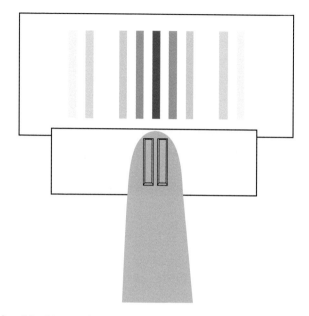

Abb. 4.7 Youngsches Doppelspaltexperiment. Ein Lichtstrahl fällt auf einen Doppelspalt und erzeugt ein Interferenzmuster aus Streifen auf einem Schirm

sollte das Bose-Einstein-Kondensat sich wie Materiewellen verhalten, d. h. Interferenzeffekte zeigen.

Interferenz von zwei optischen Wellen

In der Optik wird der Doppelspaltversuch von Young dazu verwendet, um die Welleneigenschaften des Lichts nachzuweisen. Werden die Spalte mit monochromatischem Licht beleuchtet, so werden die Spalte zu Zentren von neu entstehenden Elementarwellen (siehe Abb. 4.7). Dies ist vergleichbar mit Wasserwellen. Da die Wellen sich überlappen, entsteht ein Interferenzmuster. Ist der Gangunterschied ein ganzzahliges Vielfaches der Wellenlänge, so verstärkt sich das Licht an dieser Stelle, es zeigt konstruktive Interferenz. Dies ist etwa in der Abbildung oben z. B. für die 0. Ordnung oder die 1. Ordnung der Fall. Beträgt der Gangunterschied genau die Hälfte der Wellenlänge, so kommt es zur gegenseitigen Auslöschung, der destruktiven Interferenz. Das Entstehen der Interferenzstreifen ist ein direkter Nachweis für optische Wellen.

Interferenz von BECs

Zwei Bose-Einstein-Kondensate zeigen tatsächlich ebenfalls Interferenz miteinander. Daraus lässt sich auf ihre Quantennatur schließen: Sie sind keine Teilchen mehr, sondern verhalten sich wie eine Welle! (siehe Abb. 4.8)

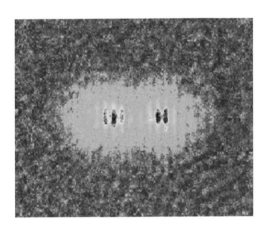

Abb. 4.8   Interferenz mit Atomen eines BEC. Man erkennt wieder die für ein Interferenzexperiment typischen Streifen. (Mit freundlicher Genehmigung von G. Birkl, Institut für Angewandte Physik, TU Darmstadt)

Das Phänomen führt an die Grenzen der menschlichen Vorstellungskraft. Nichts ist so wie es zu sein scheint.

Anwendungen

Zeitmessung

Kalte Atome ermöglichen eine noch präzisere Zeitmessung, als die früheren Atomuhren. Dies lässt sich auf die Möglichkeit einer längeren Beobachtungszeit zurückführen. Die Atome bilden im optischen Gitter eine lokalisierte Struktur, die eine lange Beobachtungszeit ermöglicht.

Positionsbestimmung per Satellit

Genaue Positionsbestimmung beruht auf genauen Uhren auf der Erde und auf den GPS-Satelliten. Durch kalte Atome wird eine präzisere Zeitmessung und damit genauere Navigation ermöglicht. Standortbestimmung lässt sich in einigen Schritten zusammenfassen. Zunächst funkt ein Satellit ein genaues Zeitsignal zur Erde. Das Navigationssystem empfängt das Zeitsignal etwas verspätet und ermittelt aus der Abweichung den Abstand zum Satelliten. Signale von mehreren Satelliten ergeben zusammen die genaue Position.

Quantencomputer

Ein möglicher Weg zu einem Quantencomputer besteht darin, einzelne Atome in Dipolfallen, erzeugt aus fokus-

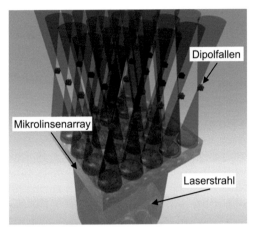

Abb. 4.9 Auf dem Weg zum Quantencomputer. Auf der Abbildung werden viele kleine Dipolfallen durch eine Vielzahl von Mikrolinsen erzeugt. In diesen Dipolfallen werden einzelne Atome gefangen. (Mit freundlicher Genehmigung von G. Birkl, Institut für Angewandte Physik, TU Darmstadt)

sierten Laserstrahlen, zu präparieren (siehe Abb. 4.9). Ein wesentlicher Vorteil dieser Architektur liegt darin, dass die Adressierung jedes Speicherplatzes möglich ist. Dabei trägt jedes einzelne Atom mehr Information als nur 0 und 1, nämlich auch die Superposition beider Zustände. Während der klassische Computer eine Vielfachrealisierung von klassischen Systemen darstellt, ist der Quantencomputer eine Vielfachrealisierung von Quantensystemen. Dies eröffnet neue Möglichkeiten für die Informationsverarbeitung. Von Quantencomputern sind in Zukunft eine hohe Rechengeschwindigkeit sowie die effiziente Entschlüsselung verschlüsselter Nachrichten zu erwarten, die für eine wichtige Klasse von Problemen nützlich sind.

Die Anwendungsgebiete für kalte Atome sind umfassend und Grenzen bisher nicht erkennbar. Auf der Suche nach der kältesten Materie im Universum landet man im Physiklabor, wo die Grundzüge der Quantenphysik ein breites Forschungsgebiet eröffnen.

Ein angemessenes Ende für eine derart mitreißende Thematik stellt nur ein Gedicht dar.

Empirie. *(von Alexandra Teslenko)*

Der Worte hohe Poesie,
Der Klänge reine Symphonie,
Schaffe und vereine nur
Im Sinne der unendlichen Natur.

Suchend nach Überwindung des Risses
Schleier zerdrückend im Irrsinn des Glaubens
Spiegelt sich im Funken des Wissens
Die Empirie.

Der Sinne klare Utopie,
Der Antwort vage Ironie,
Entwirre und kreiere nur
Im Sinne der unfassbaren Natur.

5

Moderne optische Datenspeicherung – Von Kaffeemaschinen und eingefangenem Licht

Vortragender: Thomas Halfmann
Zusammenfassung: Marie Joelle Charrier

Lassen wir unseren Tagesablauf Revue passieren, so denken wir dabei an alle möglichen schönen und schlechten Erfahrungen, aber nicht ein einziges Mal daran, dass wir mehr als einmal in diesen vierundzwanzig Stunden mit einer menschlichen Schöpfung zu tun haben, die fast überall ihre Photonen im Spiel hat. Die Rede ist vom Laser.

Es fängt schon mit dem Verschlafen an. Der Wecker hat einfach nicht geklingelt. Nicht so schlimm. Dann nehmen wir eben das Auto. Jetzt müssen nur noch die Ampeln gnädig sein, dann kommen wir schon rechtzeitig an. Die Ampeln sind nicht gnädig. Also ein bisschen Gas geben in der Dreißiger-Zone des Nachbarörtchens. Und schon ist es passiert … Wir konnten nur noch das Aufblitzen der Geschwindigkeitsfalle sehen, zu spät zum Reagieren. Die erste Begegnung mit dem Laser für heute. – Als Geschwindigkeitsmesser.

Frustriert schieben wir eine CD ins Autoradio. Ein bisschen Heavy-Metal-Musik nimmt uns die letzte Müdigkeit und senkt den zuvor in die Höhe geschossenen Blutdruck. Auch hier kommt der Laser zum Einsatz, als Lesegerät der Informationen auf der CD.

In der ersten großen Pause ist es dann Zeit für einen Kaffee. Der Vorabend im Kino war doch ein bisschen zu lange. Die Kioskbesitzerin serviert uns einen frisch aufgebrühten Kaffee. Der Duft ist sehr aromatisch. Das liegt bestimmt an der Maschine …

Hier tritt Laser Nr. 3 in Erscheinung. Besser gesagt die Lasergravur. Mithilfe dieser graviert man die Füllstandsanzeige in die Kanne ein. Der Laserstrahl ritzt die Schriftzeichen in das Glas ein. Aber das war noch nicht alles. Das schöne bunte Plastikgehäuse ist mithilfe eines Lasers geschnitten worden. Die maschinell gepressten Kunststoffteile erhalten ihre akkurate Form erst durch den sauberen, präzisen Schnitt des energiereichen Laserstrahls. Und so ein moderner Kaffeeautomat ist ja auch steuerbar. Dafür braucht man einen Mikrocontroller. Und dessen fein säuberliche Leiterbahnen werden durch keinen anderen „eingebrannt" als durch, na, wen wohl? … Den Laser in der Laserlithographie! Dies ist eine kommerziell höchst relevante Möglichkeit zur Erzeugung „miniaturistischer" Schaltungen.

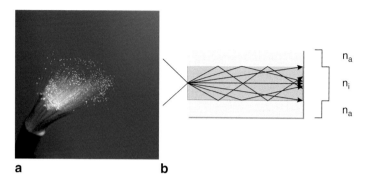

Abb. 5.1 Zahlreiche Lichtleiterfasern ergeben einen Faserstrang, der verwendet wird um eine Unmenge an Informationen gleichzeitig zu verschicken. Das Internet mit seinem schier endlosen Datenvolumen, wie es bei Facebook, YouTube etc. gebraucht wird, basiert im Wesentlichen auf der Glasfasertechnologie (**a**, © Photodisc/Spike Mafford/Getty Images/Thinkstock). Durch Totalreflexion ist die Lichtausbreitung in einer Glasfaser so effizient (**b**)

Was verbirgt sich hinter einem Glasfaserkabel?

Man kann so einen Laserstrahl aber auch nutzen, um Informationen zu transportieren. Dazu wandelt man zum Beispiel analoge Tonsignale in digitale Signale (1er und 0er) um und sendet diese in Form von Lichtsignalen zum Empfänger. Besonders gut geeignet dafür sind die sogenannten Glasfaserkabel (siehe Abb. 5.1). Diese bestehen aus sehr vielen dünnen Glasfäden, in denen die Lichtsignale besonders effizient transportiert werden können, da viele verschiedene Signale bei unterschiedlichen Wellenlängen gleichzeitig verschickt werden können.

Ihre Herstellung ist nicht sonderlich schwer. Zunächst wirft man in einen großen Bottich die Ausgangsmaterialien hinein, beispielsweise Quarzsand, die man anschließend so heiß macht, dass sie zu einer zähen, homogenen (das heißt soviel wie „gleichmäßig"), transparenten Flüssigkeit schmelzen. Dann steckt man beispielsweise einen Löffel hinein – in der Praxis läuft das alles ein bisschen komplizierter ab – als würde man ein Stück Banane in ein Schokoladenfondue tunken. Wenn man es langsam herauszieht, bilden sich ganz feine Fädchen – das ist dann entweder flüssige Schokolade wie im Falle des Schokofondues oder eben hauchdünne Glasfasern. Nun wird langsam gezogen und die Fäden kontrolliert abgekühlt. Fertig ist das Kabel.

Um es vor Stößen zu schützen und flexibel zu machen, wickelt man es noch in einen Kunststoffmantel. Packt man ganz viele dieser Einzelkabel zusammen, so hat man einen Kabelstrang, der unzählige Informationen mit extrem hoher Datendichte übermitteln kann.

Unter unseren Füßen warten zig Millionen Kilometer Glasfaserkabel darauf, ihren Dienst tun zu dürfen. Doch was macht sie zu solchen Profis in der Datenkommunikation? Ganz einfach: Das Schlüsselwort ist *Totalreflexion*. Ein in einem bestimmten Winkel in das Glasfaserkabel eintreffender Lichtstrahl wird komplett reflektiert. Dazu muss das Kabel aber makellos sein; es darf also nicht geknickt oder gebrochen sein, sonst gibt's einen gewaltigen Energieverlust. Das Licht büßt an Stärke ein.

Wie läuft das mit der Reflexion eigentlich ab?

Den Kaffee in der ersten Pause haben wir erfolgreich hinter uns gebracht. Jetzt haben wir Sportunterricht. Wir gehen schwimmen. Im Schwimmbad fällt uns etwas Komisches auf: Lisa, die gerade auf dem Rücken schwimmt, streckt ihre Füße halb aus dem Wasser. Die eine Hälfte eines Fußes sieht ganz normal aus, die andere jedoch ist viel größer. Das liegt am Brechungsindex des Wassers. Er ist anders als der von Luft. Auch das Glas hat seinen eigenen Brechungsindex, der zu dem wie bei allen Materialien von der Wellenlänge abhängt. Ein Beispiel dafür ist das Prisma, das einen Sonnenstrahl nach vorangegangener Reflexion in seine Spektralfarben „bricht", d. h. aufteilt.

Unser Laserstrahl wird aber in einem solchen Winkel in das Kabel eingestrahlt, dass er ohne Energieverluste komplett an der „Innenwand" hin und her reflektiert wird. Träfe er im falschen Winkel auf die Innenwand, würde er zumindest teilweise seine „Photonen", also Lichtteilchen, verlieren. Wenn alles gut läuft, kommt genau *der* Laserstrahl am Ende des Kabels raus, den wir reingeschickt haben, denn er wird ständig wieder reflektiert. In einer Zeichnung ergäbe sich also eine Zickzacklinie mit großen Winkeln.

Wie ihr am Beispiel der Glasfaserkabel seht: Hinter der Lasertechnik steckt noch jede Menge mehr, das es zu entdecken und zu erforschen gibt!

Die Quantenwelt im Schnelldurchlauf

Wir schreiben das Jahr 1916. Niels Bohr überlegte sich, dass das Atom mit seinem positiv geladenen Atomkern über je nach Element unterschiedlich viele Elektronenbahnen verfügen müsse, die diesen Atomkern umgeben. Auf diesen *Elektronen* bahnen „spazieren" demnach die Elektronen und sorgen mit ihrer negativen Ladung für einen insgesamt neutralen Ladungszustand des Atoms.

Im Jahr 1900 hatte der Physiker Max Planck gezeigt, dass die Energie im Strahlungsfeld eines schwarzen Körpers nur in Form von Paketen, den Energiequanten, vorkommt. Einstein zeigte dann fünf Jahre später, dass diese Energiepakete eine universelle Eigenschaft einer elektromagnetischen Welle sind. Das Photon war „geboren".

Das Beste an der Physik ist, wie ihr sicher wisst, dass man Theorien auch kombinieren kann. Das Atommodell Niels Bohrs in Verbindung mit den Photonen offenbarten eine neue Theorie: Die des Quantensprungs wie er in Abb. 5.2 zu sehen ist. Ein Atom kann durch die Absorption eines Lichtteilchens, das eine Energie besitzt, die gerade dem Energieabstand zwischen zweier dieser Bahnen entspricht, in einen Zustand höherer Energie springen. Das Lichtteilchen wird dabei vernichtet.

Vergleichbar ist dieses Phänomen mit einem hausinternen Aufzug. Ja, ein ganz gewöhnlicher Aufzug, der einen von einer Etage zur nächst höheren befördert. Durch die Absorption eines Lichtteilchens kann dem Atom Energie zugeführt werden und das Elektron wird in einen Zustand höherer Energie gehoben. Der Aufzug bewegt sich mit dem Elektron quasi nach oben, um in diesem Bild zu bleiben.

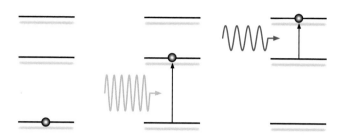

Abb. 5.2 Links zu sehen ist ein Atom mit drei Elektronenbahnen. Das bedeutet drei mögliche Energiezustände, die ein Elektron einnehmen kann (Bohrs Idee). Diese Zustände werden mit horizontalen Strichen je nach Energiewert gezeichnet (vgl. Abb. 3.2). Durch ein auf das Elektron einwirkendes Lichtfeld (Einsteins Theorie) mit Energiequanten – die Photonen – kann man das Elektron auf ein Niveau mit höherer Energie befördern. Es springt also von der ersten auf die zweite Bahn durch die im Lichtfeld – dem Lichtstrahl (grüne Welle) – enthaltenen Energie (Mitte). Bevor es jedoch zurückspringen kann, wird es mithilfe eines weiteren Lichtfeldes (rote Welle) auf das dritte, das höchste Energieniveau befördert (rechts). Der Kreis deutet das Niveau an, in dem sich das Elektron befindet

Bewegt man ein Elektron dazu, sich auf den „anstrengenden Weg" in ein Niveau höherer Energie zu begeben, so gewinnt es Energie aus dem Lichtteilchen genauso wie ein Mensch, der mithilfe eines Aufzugs nach oben befördert wird.

Im Fall des Atoms braucht man aber pro Stockwerk einen anderen Aufzug, da die Abstände der Stockwerke nicht identisch sind (siehe Abb. 5.2). Diese Tatsache muss man erstmal verdauen.

Es ist aber noch etwas anderes wichtig: Besteht das Lichtfeld nur aus relativ wenigen Photonen, wird nur das Elektron in einen Zustand höherer Energie gehoben. Ansonsten passiert nichts: Sind die Lichtfelder relativ schwach, sind die inneren elektrischen Kräfte des Atoms viel größer verglichen mit dem des Lichtfeldes und so verändern sich die Energieniveaus des Atoms nicht. Die „Stockwerke" werden durch die Anwesenheit der Lichtquanten nicht verschoben.

Aber Laser, das wissen wir nun zur Genüge, können auch sehr energiereiches Licht erzeugen. Wir können ein so starkes Lichtfeld generieren, dass die atomaren Niveaus, die „Stockwerke", verändert werden. Genau das, was wir brauchen für unsere weiteren Überlegungen. Im Gegensatz zu einem schwachen Lichtfeld, das das Innenleben eines Atoms total unbeeindruckt lässt, haben starke Lichtfelder Macht. Das Atom spielt verrückt. Nennen wir den neuen Zustand der Materie mal „Lichtmaterie-Komplex", da jetzt das Atom und das Lichtfeld zu einer Einheit verschmelzen.

Was vorher gleich geblieben ist, ändert plötzlich seine Eigenschaften. Die durch Licht modifizierte Materie (Teilchen, die mit vielen Photonen beschossen werden) verändert sich gegenüber dem „reinen" Atom. Dies kann dazu führen, dass sich im Bild des Bohrschen Atommodells die Bahnen verschieben. Je nach Laserstrahlung, die auf das Atom gewirkt hat, kann es aber auch sein, dass unser Elektron nach der Anregung z. B. nicht nur auf einer anderen Bahn, sondern sogar auf zwei Energieniveaus gleichzeitig sein kann! Könnt ihr das? Gleichzeitig im Bett und in der Schule? Schön wär's … In der Physik ist eben nahezu nichts unmöglich. Die Physiker sprechen in so einem Fall von einer Überlagerung der Zustände.

Versuchen wir uns diese Veränderung und die Einheit des Lichtfeldes noch an einem anderen Bild zu veranschaulichen. Stellen wir uns das Atom wieder als Haus vor und das Lichtfeld quasi als Auto. Im Normalfall parkt das Auto neben dem Haus. Was aber passiert, wenn wir etwas zu schnell einparken und nicht gut aufpassen. Das Auto fährt voll in die Hauswand und verändert die Eigenschaften unseres Hauses. Es ist jetzt ein Loch in der Wand, in dem das jetzt stark verkürzte Auto steckt. Die Eigenschaften des Hauses und des Autos sind jetzt nach dieser Wechselwirkung stark verschieden. Auto und Haus sind zu einem Komplex geworden. Anders aber als beim Atom und dem Lichtfeld bleiben diese Veränderungen natürlich permanent zurück.

Noch einmal ein kurzer Rücksprung zu unserem Haus mit den zwei unpraktischen Aufzügen. Einen Vorteil haben sie doch. Sie könnten gleichzeitig fahren! Ein Aufzug der alleine alle Stockwerke bedient, kann das nicht. Wir stellen uns alle in den ersten Aufzug, mit einer Fernbedienung für den zweiten in der Hand. Um den Zustand, an zwei Orten gleichzeitig zu sein, zu simulieren, fahren wir im ersten los und starten den zweiten via Fernbedienung gleich mit.

Wollen wir doch einmal schauen, welche spannenden Möglichkeiten es dadurch gibt, dass wir mit starken Lichtfeldern die atomaren Niveaus verschieben können oder die Elektronen dazu bringen können, auf zwei Niveaus gleichzeitig zu sein.

Experimente für die besonderen Momente – die elektromagnetisch-induzierte Transparenz

Während wir also das Elektron durch einen starken Laser (grün) vom ersten Niveau ins zweite springen lassen, bewirkt ein zweiter starker Laser (rot), eine Veränderung der Höhe der Niveaus in der zweiten und dritten Schale. Der zweite ist es, der letztendlich unser Atom mithilfe der elektromagnetisch induzierten Transparenz (EIT) verändert. Im Bild unseres Hauses bewirkt also der zweite Laser, dass sich die Stockwerke in ihrer Höhe plötzlich verschieben. Die elektromagnetisch induzierte Transparenz (EIT) bewirkt, dass für das Elektron das ursprüngliche Niveau nicht mehr erreichbar ist, weil die Energie der Lichtteilchen des ersten Lasers nicht mehr reicht, um das nächste Stockwerk zu „erklimmen". Übertragen müssten wir plötzlich viele Stufen mehr gehen, um das nächste Stockwerk zu erreichen. Wir bleiben unten stehen, denn wir erreichen das nächste Stockwerk nicht.

Für den ersten Laser bedeutet das, er hat keine Möglichkeit, das Elektron in ein höheres Energieniveau zu befördern. Denn er kann die Energieniveaus nicht mehr „sehen", aufgrund der EIT wird das Atom für den Laser damit transparent. Oder zur Veranschaulichung das Modell der Aufzüge: Wir bleiben unten stehen, weil sich die Aufzugtüren nicht öffnen.

Mittels des zweiten Lasers kann quasi die Absorption des ersten Lasers ein- und ausgeschaltet werden (vgl. Abb. 5.3). Ist der zweite Laser aus, wird der erste Laserstrahl im Gas absorbiert und gelangt nicht mehr hindurch. Ist der zweite Laser an, verschiebt er die Energieniveaus im Gas so, dass der erste nicht mehr absorbiert wird. Er gelangt fast ohne Abschwächung durch das Gas. Die *Bildinformation* des durch das Gas geschickten ersten Laserstrahls wird also einmal zerstört, im zweiten Fall jedoch dank des Kontrolllasers erhalten.

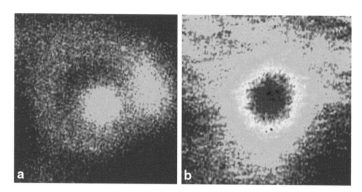

Abb. 5.3 Blick gegen die Ausbreitungsrichtung des Laserstrahls, nachdem er durch eine Gaszelle geschickt wurde. Mit bloßem Auge darf man dies auf keinen Fall machen, aber diese Aufnahmen wurden mit einer CCD-Kamera aufgenommen. In Teilabbildung. a wird nur ein Laser durch das Gas geschickt und wird dort vollständig von den Gasmolekülen absorbiert, was bedeutet, dass er nicht sichtbar ist. Teilabbildung. b zeigt den nun erkennbaren Laserstrahl. Er wurde mithilfe eines zweiten starken sogenannten „Kontroll"-Lasers sichtbar gemacht, da dieser Kontrolllaser zu EIT führt und die Absorption des ersten verhindert. (Bilder mit freundlicher Genehmigung von T. Halfmann, Institut für Angewandte Physik, TU Darmstadt)

Das achte Weltwunder?
Speicherung von Licht

Obwohl der Laser in beiden Fällen auf der „Resonanzebene" des Gases lag – das bedeutet, die Wellenlänge des Strahls stimmt mit einem Übergang von einem Niveau in ein anderes der Gasatome überein – kann man ihn im zweiten Fall sehen.

Wollen wir zum Beispiel ein Datenbit (Ein Bit ist die kleinste Informationseinheit und kann entweder den Zustand 1 oder 0 haben.) mithilfe eines Laserstrahls übertragen, dann zerstört die Übertragung durch das Gas die Information zunächst. Aus „eins" mach „null". Nicht wirklich ein vielversprechendes Angebot. Deshalb kommt der zweite Laser zum Einsatz. – Und schon ist die Information wieder da. Aus „null" mach „eins" im wahrsten Sinne des Wortes also.

Allein das ist schon seltsam. Aber es geht noch seltsamer.

Zum einen verändert ein starker Laser, wie wir schon gelernt haben, das Atom wie ein schnelles Auto ein Haus, zum anderen kann man dadurch das Elektron auf zwei Niveaus gleichzeitig springen lassen. Man fährt im ersten Aufzug und kurze Zeit später startet man den zweiten. Wenn wir unten einsteigen, bewirkt der zweite Aufzug, dass wir zugleich auch ganz oben sein können. Wenn wir den ersten Laser aktivieren, springt das Atom auf eine höhere Bahn. Kommt der zweite zum Einsatz, so ist das Elektron in der Lage, gleichzeitig im zweiten und dritten Niveau zu sein. So etwas geht nur in der seltsamen Welt der Quantenmechanik.

Geben wir diesem achten Weltwunder, das eigentlich kein Wunder ist, einen Namen: *Atomare Kohärenz* nennt man die durch zwei starke Laser hervorgerufene Eigenschaft des Elektrons, „auf zwei Hochzeiten gleichzeitig zu tanzen". Um diese atomare Kohärenz zu erzeugen benutzt man im Allgemeinen Lichtpulse, weil man dadurch zum einen mehr Leistung erzeugen kann und zum anderen durch die Kontrolle des genauen zeitlichen Verlaufs des Pulses die Kohärenzen noch besser erzeugen kann.

Diese beiden Effekte kann man dazu nutzen, um Licht zu speichern. Dies klingt zunächst sehr gewöhnungsbedürftig. Doch wozu all die Forschungsarbeit, wenn man die atomare Kohärenz nicht nutzen würde? Denn das ist eine äußerst

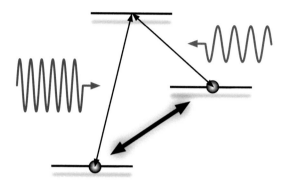

Abb. 5.4 Prinzip der Erzeugung der atomaren Kohärenzen in einem Medium. Die Wechselwirkung des Atoms mit beiden Laserfeldern sorgt dafür, dass sich das Elektron in beiden Zuständen gleichzeitig befindet. Es wurde eine atomare Kohärenz erzeugt. (Mit freundlicher Genehmigung von T. Halfmann, Institut für Angewandte Physik, TU Darmstadt)

praktische Anwendung einer komplizierten Theorie: Wir nutzen die neuen Eigenschaften des durch einen starken Laser (starkes Lichtfeld) manipulierten Atoms (Abb. 5.4).

Ein „Pr^{3+}:Y_2SiO_5"-Kristall (auch Pr:YSO oder ausgeschrieben ein Praseodym dotierter Yttriumorthosilikat-Kristall) verfügt über die nötigen Voraussetzungen zur Speicherung des Lichtes. Die eigentliche Speicherung übernehmen die Pr-Ionen im Kristall. Warum wählen wir einen Festkörper? Ein Gas würde es doch auch tun? Nun, ein Kristall ist angenehm zu handhaben und sehr robust. Außerdem versprechen die zahlreich vorhandenen Atome eine höhere Datendichte als die in Gasen erreichbare.

Wie wäre es nach all der Theorie mit einem Experiment?

Unser Drei-Niveau-System eines der Atome im Kristall regen wir mithilfe zweier gepulster Lichtfelder an (siehe

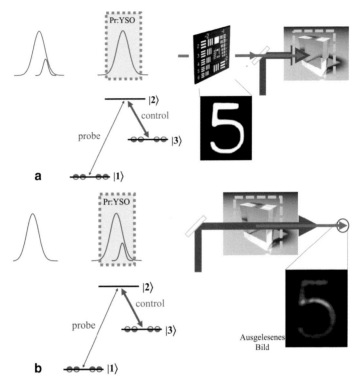

Abb. 5.5 Die Abbildungen zeigen den prinzipiellen Vorgang des. **a** Speicherns und. **b** Auslesens im Pr:YSO-Kristall. Für den Speicherungsprozess benötigt man zwei Pulse, die mithilfe zweier starker Laser erzeugt werden. Durch das Einstrahlen beider Laserpulse (rot und blau) werden Pr-Atome im Kristall in eine atomare Kohärenz versetzt. Der blaue Laserstrahl wird so „gespeichert" und verschwindet. Dann kann der zweite Lichtstrahl (roter Puls) abgeschaltet werden. Der Speicher ist nun auf „1" gesetzt, weil die Kohärenzen erzeugt wurden. Möchte man die gespeicherte Information (das Licht) auslesen, so regt man die entsprechenden Atome im Kristall mit dem roten Puls erneut an und das gespeicherte Licht (blau) kommt wieder „zum Vorschein". Wird der Laser vor dem Einspeichern durch eine Maske geschickt, die die Ziffer „5" enthält,

Abb. 5.5). Die Information des ersten Lichtpulses wird mit Hilfe des zweiten Lichtpulses in die atomaren Kohärenzen übertragen. Ein im Kristall befindliches Atom hat nach Beendigung der Anregung zwei Zustände gleichzeitig inne. Im Speicherungsprozess wird das Licht (blauer Puls) in den Kohärenzen im Kristall gespeichert, das Licht verschwindet.

Um ein ganzes Bild im Kristall zu speichern, sähe das in der Praxis so aus: Um die Zahl 5 zu speichern (siehe Abb. 5.5a), erzeugen wir mithilfe eines durch eine Schablone fallenden Laserstrahls einen Schatten. Ein zweiter starker Laser als Kontrolllaser bewirkt die Zustandsänderung mehrerer Atome im Kristall. Nur die hellen Stellen werden gespeichert. Möchten wir die 5 wieder sehen, so regen wir das gespeicherte rote Lichtfeld im Kristall mit demselben Kontrolllaser erneut an, dessen Frequenz die Speicherung ermöglicht hat (sie stimmt mit der des roten Lichtfeldes überein). Dieser holt den blauen Lichtpuls aus dem Kristall wieder hervor. – Und es funktioniert! Die 5 wird wieder sichtbar gemacht (siehe Abb. 5.5b).

Die Frequenzkonversion – Die Erzeugung eines neuen Lichtfeldes

Wir haben eben gelernt, dass Elektronen über eine atomare Kohärenz verfügen können, wenn wir sie entsprechend anregen. Zur Erinnerung: Zwei starke Laserstrahlen haben sie

---

Abb. 5.5 (Fortsetzung) kann so dieses Bild in den Kristall eingespeichert und später auch wieder ausgelesen werden. Die maximal möglichen Speicherzeiten liegen momentan im Bereich einer Minute. (Bilder mit freundlicher Genehmigung von T. Halfmann, Institut für Angewandte Physik, TU Darmstadt)

dazu gebracht, an zwei Orten gleichzeitig zu sein. Aber man kann sich dies auch in anderen Bereichen z. B. der nicht-linearen Optik zunutze machen.

Zum Verständnis klären wir zunächst den Unterschied zwischen der linearen und der nicht-linearen Optik. Das sind zwei verschiedene Paar Schuh', wie ein Versuch mit jeweils zwei schwachen und je zwei starken Lasern (Licht-feldern) zeigt. Schicken wir also zunächst zwei schwache Lichtstrahlen durch eine Linse. Es passiert … nichts. Die Strahlen kommen so wieder „raus", wie sie zuvor „reinge-kommen" sind. Der rote und der grüne Lichtstrahl *blei-ben* rot und grün. Die hineingesteckte Arbeit bzw. Energie, sichtbar gemacht durch die farbspezifische Wellenlänge, bleibt für jeden Lichtstrahl gleich.

Nicht so in der nicht-linearen Optik. Strahlt man starke Lichtfelder ein, so bewirkt das entsprechend nicht-lineare Effekte in einem Medium. Aus rot mach blau! Eine Farb-addition ist das Ergebnis. Es entsteht ein neues Lichtfeld.

Jedes Photon hat die Energie $E = h \times v$. „h" ist das Planck-sche Wirkungsquantum und ist eine Naturkonstante. „v" gibt die Frequenz der Photonen an. Bei der linearen Optik ändern sich die Photonen nach Durchgang eines Kristalls nicht. Die Strahlen bleiben, wie schon erwähnt, unverän-dert erhalten. Bei der nicht-linearen Optik hingegen wer-den je zwei der ursprünglichen Photonen vernichtet und ein Photon bei der Summe der Frequenzen wird erzeugt, zu erkennen an der neuen Farbe des Strahls (blau). Aus zwei roten Lichtpäckchen entsteht dank der Frequenzkonversion ein blaues mit der doppelten Energie eines roten Photons (siehe Abb. 5.6). Man spricht auch von der „zweiten Har-monischen", da hierbei das Signal der roten Strahlen ver-stärkt wird ($W = 2 \times h \times v$).

Abb. 5.6 Prinzip der nicht-linearen Frequenzkonversion mit Kristallen. Das Lichtfeld, das auf den Kristall eingestrahlt wird, ist so intensiv, dass die Kristallelektronen nichtlinear auf das Lichtfeld reagieren. Dies führt zur Erzeugung von Lichtfrequenzen, die nicht im ursprünglichen Lichtstrahl vorhanden waren, zum Beispiel Licht mit der doppelten Frequenz. In diesem Fall spricht man von Frequenzverdopplung

Oder aus Teilchensicht ausgedrückt: Zwei Teilchen mit niedrigerer Energie konvertiert man zu einem bei hoher Energie.

Die Bahnen eines Elektrons sind mittels Laser kontrollierbar und wir wollen dies ausnutzen, um auch mit diesen in einem Atom nicht-lineare optische Prozesse durchzuführen.

Dazu ein Beispiel: Die Photonen des *extremen Lichts*, der sogenannten „extrem ultra-violetten Strahlung" (XUV) besitzen sehr kurze Wellenlängen. Normales Licht beispielsweise hat eine Wellenlänge zwischen 400 und 700 nm. Die Wellenlänge des extremen Lichts hingegen ist um das über Tausendfache kleiner. Solches Licht gelangt aus dem Weltraum in die Atmosphäre, wo es zu unserem Glück größtenteils absorbiert wird, denn es ist sehr energiereich und hat somit eine deutlich schädigendere Wirkung als normales UV-Licht. Diese XUV-Strahlung verfügt also über eine extrem hohe Energie pro Photon.

Dieses Licht kann durch sogenannte Pump-Laser durch Absorption mehrerer Photonen in einem Gas erzeugt werden. Dieser Effekt kann aber mittels eines zweiten Lasers

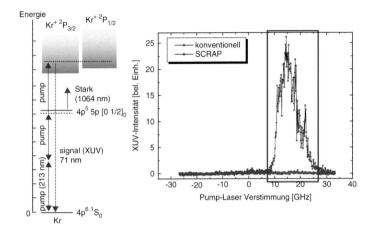

Abb. 5.7 Mittels atomarer Kohärenzen (Im Bild mit SCRAP bezeichnet) wird der Prozess der nichtlinearen Frequenzerzeugung stark erhöht, wie auf diesem Bild eindrucksvoll zu erkennen. (Mit freundlicher Genehmigung von T. Halfmann, Institut für Angewandte Physik, TU Darmstadt)

sehr verstärkt werden. Ein zweiter Laser bewirkt eine Verschiebung der Energieniveaus und führt diesmal nicht wie im Fall von EIT zu einer kleineren, sondern zu einer viel stärkeren Resonanz, was zu viel mehr XUV Strahlung führt (siehe Abb. 5.7).

Wie in unserem Beispiel mit dem Aufzug, der ohne uns nach oben fährt, trifft der Laser hier keine Niveauübergänge, führt jedoch eine Veränderung des elektrischen Feldes innerhalb eines Atoms herbei. Durch dieses „Atomdesign" haben wir unser Atom verbessert. Wir können es nun mithilfe eines zweiten Lasers so „modifizieren", wie wir es gerne haben wollen. Dieser neue *Licht-Materie-Komplex* bewirkt also, dass wir mehr aus dem Atom „herausholen" können.

Unsere Licht-Materie-Komplexe kann man auch dazu verwenden, Licht bei sehr vielen Frequenzen zu erzeugen

Abb. 5.8 Weißlichterzeugung in einer Wasserstoff gefüllten Glaskapillare. Jede der Lichtpunkte entspricht einer der Frequenzen, die durch nicht-lineare Frequenzkonversion erzeugt wurden. (Mit freundlicher Genehmigung von T. Halfmann, Institut für Angewandte Physik, TU Darmstadt)

und so weißes Licht zu produzieren. Weißes Licht ist ja nichts anderes als die Überlagerung vieler anderer Frequenzen. Laserpulse einer sehr kurzen Zeitspanne von 10^{-13} s mit einem Energiegehalt von 20 mJ erzeugen eine sehr hohe Leistung. Denn Leistung bedeutet Arbeit pro Zeit. Da die Zeit sehr kurz ist, wird die Leistung sehr hoch. Sie beträgt einige Terawatt.

Schießt man einen gewöhnlichen Laserstrahl in Wasserstoffgas, so geschieht nichts. Die Strahlung von 800 nm (roter Graph) ist für uns nicht sichtbar. Der Laser ist zu schwach. Deshalb nutzt man jetzt wieder einen zweiten Laser, der den ersten bei der Erzeugung der vielen anderen Lichtfarben (blaue Linien) unterstützen soll. Nun ist sowohl der erste, der rote Laser als auch viel anderes buntes Licht zu sehen. Zwei starke Laser haben also die Fähigkeit, die durch Quantensprünge erzeugte Strahlung eines Elementes in andere Frequenzbereiche „verfrachten" zu können und damit viele bunte Farben sichtbar machen zu können (siehe Abb. 5.8).

Kaffee ist fertig!

Die Kaffeemaschine hat uns soeben herrlich duftenden Espresso gebraut, aber der Kaffee der Kioskbetreiberin unserer Schule ist trotz allem unschlagbar.

Unsere Kaffeemaschine jedenfalls vereint in sich Datenverarbeitungstechnik und Mikroelektronik. Der Mikrochip verfügt über mikroskopisch kleine Leiterbahnen, Transistoren und optische Schaltelemente. Sie haben einen Abstand von Mikrometern oder sogar Nanometern voneinander!

Wie schon zu Anfang erwähnt, kann man sie abgesehen von der Technik der Elektronenstrahllithographie auch mithilfe eines Laserfokus gravieren. Zunächst reagieren sie mit Fotolack, der anschließend stellenweise weggeätzt bzw. verändert wird. Jede noch so kleine Struktur wird alleine durch die Wellenlänge des verwendeten Lasers bestimmt. Je kleiner die Wellenlänge ist, umso feinere Strukturen können erzeugt werden. Das bedeutet mehr Rechenleistung, weshalb die Hoffnung der Computerindustrie in der XUV-Forschung liegt. Schon durch zehnmal kleinere Strukturen ist es möglich, die Fläche um das Hundertfache zu vergrößern $(10^{-1})^2$. Dies bedeutet mehr Platz für Transistoren – im Endeffekt mehr Rechenkapazität.

6

Selbstorganisation und Strukturbildung – Wie Ordnung in das Chaos kommt

Vortragende: Barbara Drossel
Zusammenfassung: Marie Joelle Charrier

Es ist jedes Jahr im Winter wieder dasselbe Spiel: Kaum fallen die ersten Schneeflöckchen, bricht das Chaos aus. Züge haben Verspätung, innerhalb kurzer Zeit sind alle Streusalzreservoirs im Lande ausgeschöpft, Autos wollen nicht mehr anspringen, Glätte macht uns das Gehen schwer …

Man muss also einen Weg finden, den Schaden möglichst gering zu halten und auf möglichst effiziente Art und Weise Ordnung zu schaffen.

Auch auf einem Spaziergang durch das Universum könnte man vor der Unzahl an Teilchen und all ihren unterschiedlichen Zusammensetzungen – für den Laien das reinste Chaos – schier verzweifeln.

Eine große Theorie macht den Teilchenzoo dennoch überschaubar. Und dann gibt's da ja noch unsere Mutter Natur. In unserer komplexen Umwelt treffen wir so viele unterschiedliche Teilchen an, dass einem dabei schwindlig werden könnte – würde nicht hinter jedem System eine Struktur stecken … Ein Beispiel für solch eine selbstständig

Abb. 6.1 Riffelmuster in einer Sanddüne. (© Purestock/Getty Images/Thinkstock)

ablaufende Organisation findet man in jeder Wüste: Der Wind ordnet die Sandkörner nach einem natürlichen Muster an (siehe Abb. 6.1).

Selbstorganisation – Wenn die Natur sich selbst aufräumt

Neben der Wüste bietet die Natur noch viele weitere Beispiele für die Ausbildung einer Struktur. Man muss nur genau hinschauen …

Zum einen treffen Menschen, die sich an den kältesten Orten der Erde aufhalten, des Öfteren auf fantasievolle Steinmuster. Diese sind ein Werk des ständig antauenden und erneut gefrierenden „Permafrostbodens" (perma für: permanent, ständig; siehe Abb. 6.2). Zum anderen sieht man beim verträumten Wolkenbeobachten oft recht be-

Abb. 6.2 Steinmuster in Permafrostböden. (© National Geographic/Image Source)

schauliche Formen. Das ist ein positiver Nebeneffekt der natürlichen Ordnung. Unsere Schäfchenwolken beispielsweise haben wir dem Wind zu verdanken, der den kondensierten Wasserdampf, aus dem sie bestehen, formt.

In unserem Sonnensystem treffen wir auf einen Planeten mit Struktur in der Atmosphäre: den Jupiter (siehe Abb. 6.3). Und auch die Welt der Viren kommt nicht ohne eine Ordnung aus: Die Schutzhülle eines Virus, in der Fachsprache „Kapsid", fügt sich – wie wäre ihre Struktur sonst anders erklärbar? – selbst zusammen. Zurück zum Winter: Auch die Schneeflöckchen besitzen eine Struktur. Eine jede weist eine mehr oder weniger komplizierte Verzweigung auf, was jede Schneeflocke einzigartig macht. Dazu später mehr …

Abb. 6.3 Bild des roten Flecks auf Jupiter, einem riesigen Wirbelsturm. (Mit freundlicher Genehmigung von NASA, ESA und E. Karkoschka, University of Arizona, http://apod.nasa.gov/apod/ap090106.html)

Bringt man eine viskose (zähflüssige) in eine weniger viskose Flüssigkeit, so bilden sich dort sehr interessante „Finger" aus. Eine andere Art von verzweigter Struktur erlebt man besonders häufig in schwülen Sommernächten: Gewitterblitze. Auch im Gestein kann man eine Organisation der Mineralablagerungen ausmachen (siehe Abb. 6.4).

Eine „lebendige" Selbstorganisation können wir anhand einer Bakterienkultur in einer Petrischale mit einem rauen Nährboden beobachten. Dank des guten Futters vermehren sie sich, können sich auf dem rauen Boden aber nur schwer fortbewegen. Deshalb erfolgt ihre Ausbreitung gemeinsam in einem Pulk. Keine Bakterie würde auf die Idee kommen, sich allein auf den Weg zu machen und ihren eigenen Platz zu suchen. Sie leben nach dem Motto: Gemeinsam ist man stärker.

Abb. 6.4 Eindrucksvolle Beispiele der vielfältigen Musterbildung in der Natur zum Beispiel in Form von Gewitterblitzen (**a**, © SW_Photo/iStock) und dendritischen Mineralablagerungen auf Steinen (**b**, © Karl-Friedrich Hohl/iStock)

Es gibt eine oszillierende chemische Reaktion, bei der sich die chemische Zusammensetzung periodisch ändert. Wenn wir die Flüssigkeit farbig markieren, sehen wir die Oszillation in Form von farbigen Spiralwellen.

Die besonders intelligenten Schleimpilze nutzen die Selbstorganisation, um besonders schnell und gut an Essen zu kommen. Als Erstes sendet ein jeder bei Hunger ein Signal, das sie schließlich gemeinsam wie eine Welle im Ozean anschwellen lässt. Die Ausbreitungsrichtung der kreisförmigen Wellen ist jedoch nicht nach außen wie bei einer durch einen Steinwurf im Wasser ausgelösten Welle, sondern im Gegenteil: Die Wellen wandern nach innen. Die sich im Zentrum der Kreise ansammelnden Schleimpilze kriechen anschließend wie eine Nacktschnecke über den Erdboden – wieder ganz getreu dem Motto „Gemeinsam sind wir stärker!". An geeigneter Stelle formen sie sich eigenständig zu einem gewöhnlichen Pilz mit Stängel. Die unteren Zellen bilden dabei wie ein paar Mitglieder einer Cheerleadergruppe eine Basis, damit die Artisten, die sich zuoberst befinden, Kunstwerke ausführen können. So können die Zellen mit der besten Aussicht Sporen ausbilden, die der Wind anschließend an Orte – die Picknickplätze der Pilze – trägt, die viel zu essen und damit die Grundlage für ein gutes Wachstum und eine erneute Ausbreitung bieten. Auf der bildschönen schottischen Insel Staffa gibt es viel Gestein mit strukturierten Rissen zu sehen (siehe Abb. 6.5).

Und ihr habt euch bestimmt schon einmal gefragt, wie Fische und Vögel es nur so beeindruckend schaffen, sich zu Schwärmen zusammenzufassen, die eine „Schwarmintelligenz" besitzen …

Was aber sind die Mechanismen, die in der Natur für diese Musterbildung und Selbstorganisation verantwortlich sind?

Abb. 6.5 Basaltinseln auf der schottischen Insel Staffa. (© Katja Jentschura/Fotolia)

Die Abkühlung –
Wenn Kälte zur Ordnung zwingt

Der erste Mechanismus, den ich euch verraten kann, ist die *Abkühlung*. Die einen mögen den Winter, die anderen nicht. Dabei bietet er so viele Einblicke in die Strukturbildung. Die kalte Luft führt zur Abkühlung von Stoffen. Solltet ihr also eines schönen Wintermorgens auf dem glatten Bürgersteig ausrutschen, dann tröstet euch vielleicht das Wissen um die Tatsache, dass Glatteis genau genommen ein Kristall ist.

Die winterliche Kälte zwingt das Wasser also dazu, sich endlich einmal ordentlich zu gruppieren. Und auch das Streusalz, das den Gefrierpunkt des Wassers hinabsetzt, ist ein Kristall.

Auch Metalle bilden Kristalle. Man ordnet ihnen die *kubische* Form – das heißt die Würfelform – zu. Denn in abgekühltem Zustand (zum Beispiel bei Raumtemperatur) sind auch diese Materialien dazu gezwungen, eine Struktur zu bilden.

Der physikalische Hintergrund ist recht einfach nach-
zuvollziehen: Bei hohen Temperaturen haben die Teilchen
mehr Bewegungsfreiheit. Sinkt die Temperatur, so werden sie
dazu gezwungen, näher zusammenzurücken. Stellt euch vor,
wir befänden uns auf einer Busreise. In den Pausen dürfen
wir uns frei bewegen (die Temperatur ist höher), während der
Fahrt jedoch ist es uns nicht gestattet, uns voneinander zu
lösen, wir können nicht einfach den Bus verlassen (die Temperatur ist gesunken). Die Anziehungskräfte sind höher, weil
die Kopplungskräfte zwischen den Molekülen überwiegen.

Die Biologie liefert ebenfalls ein Beispiel für Strukturbildung durch Abkühlung. Wir betrachten sogenannte
Phospholipide. Diese Moleküle sind Bestandteile von Zell-
membranen. Sie besitzen einen polaren und einen unpolaren Teil. Der polare Teil, die Köpfchen, gehen eine Bindung
mit den polaren Wassermolekülen ein und bilden Wasser-
stoffbrücken aus. Die unpolaren Schwänzchen, in der Regel
aus Kohlenwasserstoffketten bestehend, sind lange nicht so
beliebt beim Wasser. Dieses würde sie, wenn möglich, am
liebsten loswerden.

Bei hoher Temperatur werden die Moleküle im Wasser
durcheinander gewirbelt und bilden keine Ordnung aus.
Wenn die Temperatur sinkt, siegt jedoch die abstoßende
Kraft zwischen Wasser und Schwänzchen, und die Schwänzchen stecken sich alle zusammen. Wenn nicht besonders
viele Phospholipidmoleküle im Wasser sind, formen sich
Kugeln. Die Köpfchen sind dabei nach außen gerichtet
und befinden sich mit dem Wasser in Berührung und die
Schwänzchen zeigen nach innen. Wenn die Konzentration
der Moleküle höher ist, bilden sie größere Strukturen wie
Zylinder und Doppelschichten.

Um ein Viruskapsid zu bilden, vereinigen sich jeweils zwei Capsidproteine zu einem sogenannten Dimer. Das wird ermöglicht durch Andockstationen. Wenn zum Beispiel ein Raumschiff auf einer Raumstation „landen" möchte, muss es erst einmal andocken, um überhaupt Halt zu finden. Den Viren geht es nicht anders. Das Erbgut der Viren hängt sich auch an solche Andockstationen am Capsid. Haben die „dimeren" Einheiten es geschafft, ebenfalls aneinander anzudocken, können sie sich zu einer kugelförmigen Struktur zusammenballen. Jetzt kann das Virus die Wirtszelle zerstören und sich in die Freiheit begeben. Keine schöne Vorstellung …

Allgemein kann man zur Strukturbildung durch Abkühlung sagen, dass sie nur bei Molekülen oder Atomen greift. Nur sie sind klein genug, um sich bei Wärme stark zu bewegen. Das garantiert ein „Überleben" eines Systems wie zum Beispiel der Wüste. Es wäre ziemlich schade, wenn der Wüstensand in der heißen Mittagssonne verdampfen würde, um anschließend nachts zu gefrieren. Was würde dann mit den armen Wüstentierchen geschehen? Aber bevor wir solche Strukturen aus größeren Bausteinen betrachten, noch schnell eine Anmerkung: Alle angeführten Beispiele zeigten die Strukturbildung eines Systems bei Temperaturänderung. Das aber nennt man normalerweise nicht *Selbstorganisation*. Die Systeme liegen lediglich im *thermischen Gleichgewicht*, das über ihre Struktur bestimmt (beispielsweise Wasserdampf, flüssiges Wasser oder Eis sind drei Zustände, die durch Temperaturänderungen bestimmt werden) und sie sich immer gleich verhalten lässt.

Ein System aus seinem thermischen Gleichgewicht bringen, können wir dann, wenn wir ihm beständig Energie zuführen. Schaffen wir tagelang keine Ordnung in der Küche, so erspart uns das zwar Arbeit und Energie, jedoch nimmt zunehmend ein Zustand der *Entropie* – das bedeutet Unordnung – überhand. Sind die Teller ordentlich im Schrank verstaut, so haben wir dafür Energie aufgewendet, die in jedem Teller „steckt". Jetzt ist es ihm möglich herunterzufallen. Das heißt mit anderen Worten: Ist ein System organisiert, hat es nicht den Zustand der geringsten Energie inne. Auch wir müssen Nahrung aufnehmen, um die Ordnung in unserem Körper aufrechtzuerhalten. Essen wir oder atmen wir nicht, so bringen wir alle Prozesse und inneren Strukturen durcheinander – mit fatalen Konsequenzen.

Die Erde mit ihrer unfassbar großen Artenvielfalt ist viel geordneter als vor 4,5 Mrd. Jahren. Da sie ein offenes System ist, kann ihr ständig Energie durch die Sonne zugeführt werden. Das ist essentiell für den Erhalt all ihrer Strukturen. Schirmen wir dagegen ein System ab, indem wir ihm die Energie vorenthalten, so machen wir aus dem offenen ein geschlossenes System. In der Natur ist dies jedoch äußerst schwierig zu bewerkstelligen. Wie willst du einen See in ein Labor schaffen, ohne dass er seine Eigenschaften verändert? Fakt ist, wäre dies möglich, so würde der ursprüngliche See nach gewisser Zeit ohne Energie- und Nährstoffzufuhr nicht mehr derselbe sein. Die Fische würden sterben, die Algen aufhören zu wachsen ...

Um die Strukturbildung in Flüssigkeiten und Gasen besser verstehen zu können, nutzen wir ein Experiment zur sogenannten Rayleigh-Bénard-Konvektion. Der Aufbau ist folgendermaßen: In einer rechteckigen Kammer führen wir einer Flüssigkeit Energie in Form von Wärme zu (Zur Erinnerung: Energiezufuhr begünstigt die Strukturbildung) (siehe Abb. 6.6). Da die Flüssigkeit von unten wie ein Topf Wasser auf der Herdplatte erwärmt wird, fangen die unters-

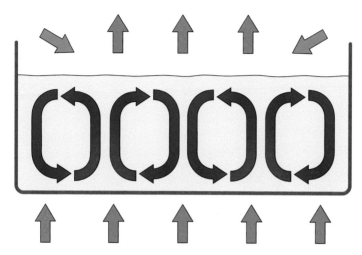

Abb. 6.6 Das Grundprinzip der Konvektion. („ConvectionCells" von I, Eyrian. Lizenziert unter CC BY-SA 3.0 über Wikimedia Commons – http://commons.wikimedia.org/wiki/File:ConvectionCells. svg#/media/File:ConvectionCells.svg)

ten Moleküle verstärkt an, sich zu schubsen. Dadurch werden auch die Moleküle weiter oben angestoßen und so weiter, bis die Wärme oben an der kälteren Oberfläche angekommen ist. Erhitzt man die Flüssigkeit noch mehr, so dehnt sich die Flüssigkeit schließlich so stark aus, dass die Auftriebskräfte ein ganzes Flüssigkeitsvolumen nach oben transportieren. Oben kühlt sich die Flüssigkeit ab und sinkt dann wieder nach unten. Es entsteht eine Art Strömung, vergleichbar mit dem Golfstrom: Warme Wassermassen treffen auf kühlere, eine Zirkulation setzt ein und das kalte Wasser sinkt nach unten, da seine Dichte höher ist (= schwerer). In einer runden Kammer ordnen sich diese Konvektionsrollen in um die Mitte gewickelten Ringen an. Wenn wir die Temperatur in der Kammer immer weiter

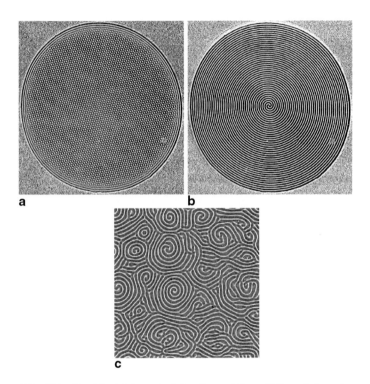

Abb. 6.7 Strukturbildung bei der Konvektion. Mit ansteigender Temperatur brechen die geordneten Strukturen auf und werden immer unregelmäßiger. (**a, b**: aus E. Bodenschatz, J.R. de Bruyn, G. Ahlers, and D.S. Cannell, Phys. Rev. Lett. 67, 3078 (1991). **c**: aus J. Liu, K.M.S. Bajaj, and G. Ahlers, unveröffentlicht, http://www.nls. physics.ucsb.edu/image_pages/pictures.html)

erhöhen, stellen wir fest, dass die Strömung immer unregelmäßiger wird, bis sie schließlich ganz chaotisch ist. Das System ist zum Schluss unorganisiert (siehe Abb. 6.7).

Interessant ist es auch, sich je nach Temperatur färbende Späne in die Flüssigkeit zu geben. Diese Späne verfärben sich

Abb. 6.8 Bild eines Vogelschwarms. (© MikeLane45/iStock)

mit der Temperatur und bewegen sich mit dem Wasser, so dass man die Flüssigkeitsbewegung sehr schön visualisieren kann. Auch hier können wir wieder lernen: Ändert man das System oder die auf ein System einwirkende Kraft, so kann das erst zur Strukturbildung und am Ende ins Chaos führen. Hier ist das Chaos besonders spektakulär und bunt. – Eine schöne Möglichkeit also, die oft grauen Wintertage aufzuheitern. Wer würde nicht manchmal gerne, um der Kälte zu entfliehen, frei wie ein Vogel in den warmen Süden fliegen, da wo die Sonne jeden Tag scheint. Ein Vogel müsste man sein … Doch ganz so frei, wie alle denken, sind Vögel lange nicht. Sie fliegen in Schwärmen, brav in Reih und Glied, Richtung Afrika (siehe Abb. 6.8). Aber wieso machen sie das?

Synchronisation –
Warum selbst Vögel nicht frei sind

Zu Beginn der Flugsaison gen Afrika müssen sich die Zug-vögel erst einmal zusammenfinden. Chaotisch fliegen sie – auf der Suche nach Ordnung – umher. „Wo fliegt mein Nachbar hin?", fragt sich ein jeder, um sich orientieren zu können. So korrigiert ein jeder Vogel als Individuum seine Richtung, indem er sich diejenige des fliegenden Nachbars „abguckt". Im Zentrum dieses heillosen Durcheinanders lassen sich schon erste Strukturen erkennen; kleine Grüpp-chen, die sich nach und nach gebildet haben. Aber auch die-se suchen nach Ordnung. Wenn zwei Grüppchen schließlich zusammentreffen, vereinigen sie sich zu einer gemeinsamen größeren. Die Vögel am Rande des Tumults gesellen sich erst zum Schluss dazu. Wie ihr seht: Ganz wie von selbst hat sich ein Schwarm von Zugvögeln gebildet, dessen – nun unfreie – Mitflieger in ein und dieselbe Richtung fliegen.

Wie ihr euch also einer Gruppe von Flugpassagieren in einem Flugzeug anschließen müsst, um in wärmere Ge-filde zu kommen, unterliegen auch die Vögel dem Grup-penzwang. Man kann es aber auch so erklären: Einige entschlossene Vögel wissen genau, wo sie hinwollen. Die anderen, die ahnungslosen, orientieren sich an ihnen. Eine Organisation durch eine Minderheit (die entschlossenen Vögel) ist demnach ebenso möglich.

Dies zeigen auch diverse Beobachtungen von Leucht-käfern auf einem beliebigen Baum. Es ist tiefe Nacht und außer einem unregelmäßigen, ja chaotischen, Blinken nichts zu erkennen. Doch im Laufe der Zeit bildet sich ein immer regelmäßigeres Blinksignal heraus. Die Käfer achten nämlich aufeinander und finden es peinlich, wenn sie nicht zum richtigen Zeitpunkt geblinkt haben, an dem die Mehrzahl geblinkt hat. So folgen die Signale immer regelmäßiger aufeinander, ein regelrechter Rhythmus entsteht. Ähnlich den Vögeln orientieren sich die Käfer aneinander.

Sehr schön zu beobachten, doch kann man Ordnung auch hören? Klar. Dafür müsst ihr euch einfach nur in einen Konzertsaal setzen. Selbstverständlich solltet ihr nur einen talentierten Musiker wählen, denn dadurch erhöht sich die Wahrscheinlichkeit, auf eine *Selbstorganisation* zu treffen. Wir gehen also davon aus, dass die Vorstellung überwältigend war. Wir wollen mehr! Zunächst klatschen alle sehr unrhythmisch. Doch da jeder eine Zugabe möchte, soll das zunächst nur applaudierende Geklatsche drängender werden. Der Applaus wird stärker, rhythmischer, und das ganz von selbst. Denn auch hier dient der gute Nachbar wieder zur Orientierung.

Unser Modell vom Vogel als Wesen, das sich an anderen orientiert und nur in Schwärmen bewegt, ist natürlich sehr reduziert, und zwar auf das Nötigste. Das klingt zunächst verwunderlich, denn spielen nicht auch die Eigenschaften des Vogels – was er gerne isst, seine Größe und Krankheiten – eine Rolle in all diesen Annahmen? Nein, das tun sie nicht. Gut für uns, denn das macht die Sache doch wesentlich einfacher. Es mag einen zunächst erstaunen, wenn man erfährt, dass Verkehrsplaner einen Autofahrer zwecks Stauforschung auf einen Menschen reduzieren, der mit seinem Auto eine gewisse Geschwindigkeit fährt und einen bestimmten Abstand zu seinem Vordermann hat, doch das hat seinen Sinn. Dadurch wird unnötiger Aufwand vermieden und man kann sich ausschließlich auf das Wichtige – die Vermeidung von Staus – konzentrieren.

Erst diese Reduktion eines Phänomens auf die wesentlichen Bestandteile ermöglicht es, Modelle aufzustellen, die einfach genug sind, um die Ausgangsfrage – also etwa die Gründe für die Entstehung eines Staus – zu beantworten. Da Physiker es gewohnt sind, in ihren Theorien die unnötigen Bestandteile wegzulassen, können sie auch auf diesen Gebieten wertvolle Beiträge liefern.

Wachstumsprozesse – Wie Strukturen den Raum erobern

Eine Computersimulation verdeutlicht uns, wie einzelne Elemente sich zu Keimen aneinander anlagern (siehe Abb. 6.9). Ein bestimmtes Verzweigungsmuster entsteht. Es ist schon erstaunlich, dass wir am Rechner derlei Prozesse nachbilden können Denn die Grundlage für diese Simulationen liefert nichts weiter als eine zur Bestimmung der elektrischen Entladung verwendete Formel aus der Physik.

Und auch im Winter häufig auftretende Strukturen treffen wir nun schon zum vierten Mal!

Wir wissen ja schon, dass jede Schneeflocke ihren ganz persönlichen Stil hat. Das ist schön, denn unter dem Mikroskop betrachtet, treffen wir regelmäßig auf die schönsten Formen. Während die Schneeflocke in der Wolke entsteht, wird sie durch die Luftströmungen mal nach oben, mal nach unten bewegt und passiert dabei Zonen mit verschiedener Temperatur und Luftfeuchtigkeit. In jeder dieser Zonen, wächst die Schneeflocke auf eine andere Weise, stets jedoch symmetrisch.

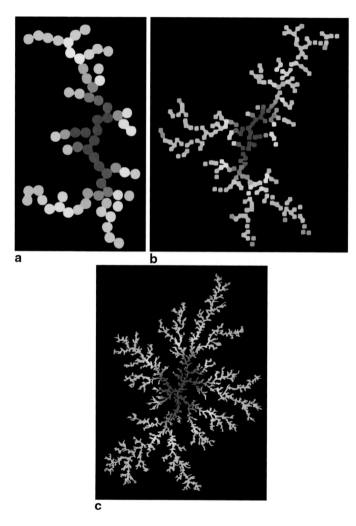

Abb. 6.9 Simulation zur Anlagerung von Teilchen. (Bilder mit freundlicher Genehmigung von http://apricot.ap.polyu.edu.hk/ dla. © Chi-Hang Lam, Dept. of Applied Physics, Hong Kong Poly-technic)

Um ein letztes Beispiel für Wachstumsprozesse zu liefern: Bricht ein Vulkan aus, so ergießt sich sein Magma auf die umliegende Landschaft. Mit der Zeit kühlt sich das enorm heiße Flüssiggestein ab, und es entweicht Wasserdampf. Das entzogene Wasser sorgt nicht nur für Verdunstungskälte, sondern auch dafür, dass sich das Lavagestein zusammenzieht. Die zunächst an der Oberfläche entstehenden, sehr großen Risse wandern schließlich in die unteren Schichten des Gesteins, wo sie, je tiefer man ins Gestein schaut, immer regelmäßigere Rissstrukturen annehmen. So entstehen die Basaltsäulen.

Reaktion und Diffusion –
Von den Mustern der Natur

Um den nächsten Mechanismus kennenzulernen, möchten wir uns mit der Simulation von Waldbränden beschäftigen. Das Feuer vernichtet die Bäume und schafft Platz – als Wachstumsraum neuer Bäume, die dann in der nächsten Feuerwelle abbrennen, usw. Es bilden sich dadurch Spiralwellen aus.

Mit relativ einfachen Mitteln lässt sich ein solcher Zyklus simulieren. Das computersimulierte Modell dazu scheint jedoch auf den ersten Blick sehr unrealistisch: Dort, wo Bäume gestorben sind, erstehen spontan neue, mal früher, mal später, denn es wird ausgewürfelt, welcher Baum wann wieder dasteht. In der Realität wächst ein Baum allmählich und ist anfangs klein und am Ende groß. Wir reduzieren ein Modell aber wieder auf sein Nötigstes: Um einen Waldbrand zu simulieren, spielt der genaue Wachstumsprozess eines Baums keine Rolle, es ist nur wichtig, dass das System nach dem Feuer eine Weile braucht, um sich zu erholen.

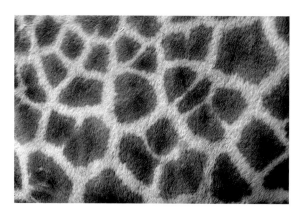

Abb. 6.10 Ausschnitt aus dem Fell einer Giraffe. Die hier sichtbaren gelblichen Linien deuten auf ein Eingreifen des Inhibitors hin. Überall dort, wo es braune Ansammlungen gibt, hat der Aktivator „gewütet" wie das Feuer im Wald. (© mtcurado/iStock)

In einer solchen Musterbildung, bei der es „Reaktion" und „Diffusion", also Ausbreitung, gibt, ob nun simuliert oder real, spielen immer zwei Dinge die Hauptrolle.

Das sind zum einen der Aktivator und zum anderen der Inhibitor. Der Aktivator *aktiviert* einen Vorgang, wohingegen der Inhibitor diesen Prozess stoppt.

Ein anderes Beispiel: Ein gemeiner Virus als Medium (Aktivator) löst eine Krankheit in unserem Körper, dem System, aus. Nun gibt es zwei Möglichkeiten: Entweder wird der Körper immun (Inhibitor) dagegen und hat die Viren recht schnell im Griff oder er ist es nicht, was bedeutet, dass ein Weiterleben nicht mehr möglich ist. Wir müssten sterben. Nicht sehr erfreulich.

Ihr habt euch sicher schon gefragt, wie all die hübschen Tierfellmuster zustande kommen, die Tiere wie das Zebra oder den Tiger schmücken (siehe Abb. 6.10). Wieder läuft eine Reaktion ab. – Diesmal in den Hautzellen. Der Aktivator bestimmt, wo sich Pigmente ausbilden. Dort, wo viel von dem Aktivator vorhanden ist, wird die Färbung intensiv. Der Aktivator wird abhängig von der Diffusionsgeschwindigkeit des Inhibitors unterschiedlich schnell abgestoppt. Je nachdem, wie schnell der Inhibitor diffundiert (sich ausbreitet), entsteht ein für jedes Tier spezifisches Muster.

Das Echo der Selbstorganisation

Es ist Sommer, wir sind am Strand, die Sonne scheint und es ist angenehm warm. Gemütlich flanieren wir am Wasser entlang, als uns eine Windbö den Hut vom Kopf weht und dafür Sand ins Gesicht. Aber nicht nur wir sammeln Sand an uns. Der Sand sammelt sich auch selbst zu einem Hubbel, der mit der Zeit immer größer wird und neuen Sandkörnern Halt bietet. Auf diese Weise entstehen Dünen. Nach dem Strandspaziergang begeben wir uns in das Familienauto. Wir denken uns nichts Großes dabei, doch sind wir auf unserer Fahrt über eine strandnahe Straße an der Ausbildung von Strukturen aktiv beteiligt. Jedes Auto „schiebt" ein bisschen Sand vor sich her. Irgendwann kommt ein Bodenhubbel – bestehend aus Sand. Der an den Autoreifen haftende Sand löst sich und mischt sich unter jenen auf der Straße. Der Fahrtwind verstärkt diese Bodenwelle noch zusätzlich.

Auf einem weiteren Urlaub in Russland treffen wir auf sehr beeindruckend anzuschauende Gebilde. Wie wir zu Anfang schon erfahren haben, hat der Permafrostboden eine strukturierende Wirkung auf die Steine. Bei einem Tau-Gefrier-Zyklus wandern diese aufeinander zu und bilden eine Ansammlung. Wenn der Boden wieder gefriert, wird ein einzelner Stein zu einer Steingruppe verdrängt. Er wird also zur Bildung einer Struktur mit anderen Steinen gezwungen, was eine Selbstverstärkung bewirkt.

Auch wenn der Urlaub sowohl in dem angenehm warmen Städtchen am Strand als auch in Sibirien toll war, wollen wir wieder nach Hause. Doch auf dem Weg zurück wird unsere Geduld um einiges strapaziert: der typische Urlaubsverkehr mit seinen zahlreichen Staus. Da war wohl wieder einer dieser „Träumer" am Werk, der unbegründet gebremst hat oder zu langsam gefahren ist. Immerhin ist kein schlimmer Unfall passiert …

Doch ärgerlich ist es trotzdem, denn hinter diesem Auto hat sich nun eine lange Schlange ebenfalls langsam fahrender Autos gebildet – ohne einen wirklichen Grund! Ein typisches Beispiel von Selbstverstärkung.

Um uns zu entspannen, denken wir an den schönen Urlaub zurück. Wir sind oft unbekannte Wege gegangen, quer durch den Wald. Dabei hat sich ein Trampelpfad gebildet. Ist ja auch klar: Wenn eine Großfamilie eine Wanderung unternimmt, macht sich jedes folgende Familienmitglied bemerkbar, denn der Pfad wird ausgetrampelt, verstärkt sich selbst. Und auch sonst werden Trampelpfade immer bevorzugt, und es wäre nicht nötig, jemanden dazu zu überreden, diesen Weg zu nutzen. Eine unbegrenzte Selbstverstärkung also, in der Theorie … (Denn wenn sich Naturschützer einschalten, könnte die Nutzung des Pfads verboten werden.)

Und zum Schluss sind wir endlich wieder daheim ...

... und schwelgen in Erinnerungen. Wir haben viel erlebt und viel gesehen. Wir wissen nun, was passiert, wenn man Viren ihre Energie entzieht; welche Strukturen der Wind ausbilden kann; wie man einen Sänger dazu bringt, noch mehr Lieder zu singen; warum Schneeflocken so schön und einzigartig sind; warum viele Tiere so ein fröhlich strukturiertes Fell haben und dass *Selbstverstärkung* im Grunde *überall* drinsteckt ...

Und in Sachen Vogelschwarm hatten wir ja überlegt, ob nicht auch Minderheiten dazu fähig sind, eine Richtung für alle vorzugeben. In diesem Fall würde nicht Selbstverstärkung, sondern ein paar Wortführer alles bestimmen.

Die theoretische Physik hilft uns zwar oft, Dinge besser verstehen zu können, aber wenn es um den Eingriff in die Strukturbildung unserer Natur geht, sind wir praktisch machtlos ...

7

Jamming – Wenn Autos und Atome im Stau stehen

Vortragender: Michael Vogel
Zusammenfassung: Klara Maria Neumann

Dreißig Grad im Schatten, der Urlaub in greifbarer Nähe, mit Hundertdreißig und Badesachen im Gepäck ist man auf der Autobahn unterwegs. Aber nur bis zur nächsten Kurve, dann: Stau (siehe Abb. 7.1). Langsam und beherrscht treten die einen auf die Bremse, um dem eigenen Ärger nicht zu Ungunsten des nachfolgenden Verkehrs Luft zu machen. Die anderen beginnen zu fluchen und steigen voll in die Eisen. Alle aber beschäftigt die gleiche Frage. Warum? Oft ist nicht einmal eine Baustelle oder ein Unfall da, trotzdem ist man gezwungen, in der prallen Sonne stehend der Dinge zu harren, die da kommen mögen. Aber warum bildet sich so ein Stau scheinbar grundlos?

Das Wort, welches das Entstehen einer blockierten Autobahn physikalisch im Fachjargon beschreibt, ist – wenig überraschend – mit dem Wort „blocken" verwandt. Von „to jam", wie es im Englischen heißt, kommt das Wort „Jamming".

Verwendet wird „Jamming" aber meist zur Beschreibung von viel kleineren Staus etwa im Salzstreuer oder sogar in

Abb. 7.1   Stau auf dem Weg in den Urlaub. (© alexandragl1/ iStock)

einzelnen Zellen. Auch Glas entsteht durch Jamming. Glas ist nicht, wie zum Beispiel Kochsalz, ein Kristall. Während sich Kristalle durch Kristallisation bilden, führt ein Jamming von Molekülen – der Glasübergang – zur Entstehung eines Glases (siehe Abb. 7.2a).

So kann sogar aus Honig ein Glas entstehen. Honig kennt man oft nur bei Raumtemperatur in der für ihn charakteristischen Zähflüssigkeit (siehe Abb. 7.2b). Vielleicht hat man während der letzten Erkältung auch schon einmal beobachtet, wie sich Honig in heißer Milch auflöst. Dabei wird er deutlich flüssiger, wie immer bei der Zufuhr von Wärme.

Umgekehrt kommt man aber schnell auf die Idee, dass der Honig fester wird, wenn man ihn kühlt. Der heimische Kühlschrank bringt einen einfachen Nachweis für diese Hypothese. Nur wenige kommen jedoch auf den Gedanken, Honig noch kälter zu machen. Kühlt man ihn bei-

a   b

Abb. 7.2 **a** Glas. (© istmylisa/iStock) **b** Honig. (© ValentynVolkov/iStock)

spielsweise in einem Bad aus flüssigem Stickstoff, kann man sein Behältnis hinterher auf den Kopf stellen, während der Honig trotzdem am Gefäßboden bleibt. Dann hat man „Honigglas" geschaffen, der Honig ist völlig fest geworden.

Warum spricht man aber nicht von Honigkristallen? Den Unterschied zum Kochsalz zeigt die Mikroskopie. Während in einem Kristall (= „kristalliner Festkörper") alle Einzelteile als geordnetes Gitter vorliegen (beispielsweise bilden Chlorid- und Natrium-Ionen des Kochsalzes eine kubische Struktur), sind die eines Glases einfach nur sehr dicht gepackt, aber ungeordnet (= „amorpher Festkörper"). Dafür ordnen sich die Salzionen bei Erreichen des Gefrierpunktes schlagartig zum Gitter, während der Übergang von Honig zu „Honigglas" fließend ist.

Ebenso kontinuierlich erstarrt auch der klassische Werkstoff, den wir Glas nennen, zum Beispiel in einer Glasbläserei beim Abkühlen. Zur Unterscheidung von anderen Gläsern nennt man dieses auch Silikatglas. Und auch, wenn wir uns die größte Mühe geben, hier sprachlich klar zu unterscheiden: Auch Kunststoffe zählen meist zu den Gläsern. Aber Gläser finden auch anderweitig Verwendung. Zum Beispiel ist bioaktives Glaspulver in vielen Kosmetika oder Medikamenten enthalten.

Doch auch unter einem anderen Aspekt ist Jamming für die Pharmaindustrie interessant. Denn Jamming kann bei der Herstellung von Medikamenten einen Wirkstoff blockieren, so dass zu wenig im Medikament und schließlich zu wenig davon im Körper ankommt. Findet umgekehrt zu wenig Jamming statt, gelangt zu viel Wirkstoff in den Körper. Um beide Fälle auszuschließen, muss man lernen, Jamming zu kontrollieren.

Auch ein Feueralarm ist ein guter Grund, sich mit Jamming bereits beschäftigt zu haben. Tritt bei der Evakuierung von Gebäuden Jamming auf, kann dies lebensgefährlich werden. Aber auch im Salzstreuer ist es nicht erstrebenswert. Wo also Granulate fließen sollen, darf kein Jamming stattfinden.

Gleichzeitig hilft dieses Phänomen nicht nur dem Glasbläser. Auch für Maler ist es essentiell, ebenso für alle, die gern mit Füllertinte schreiben. Oder auch im Straßenbau: Das Schotterfundament unter der Straßendecke würde ohne Jamming im Laufe der Zeit einfach wegbröckeln (und an den vielen daraus resultierenden Baustellen wäre dann der negative Effekt des Jamming im Verkehr zu beobachten).

Im Allgemeinen tritt Jamming bei drei verschiedenen Arten von Stoffen auf. Zum Ersten in Granulaten, zu denen neben dem Schotter unter der Straßendecke auch Sand gehört, zum Zweiten in sogenannten Kolloidlösungen, zu denen auch Blut gehört, und zum Dritten, wie bereits beschrieben, in Gläsern.

Die Ursachen für Jamming sind bis heute nicht vollständig geklärt. Man kennt aber die Bedingungen, die es auslösen können. In all diesen Bereichen kann Jamming eine Folge von Verdichtung sein. Alternativ kann man etwa bei Materialien auf molekularer Ebene die Temperatur erniedrigen und erzielt das gleiche Ergebnis. Oder man erhöht den Druck auf eine Flüssigkeit, auch dann beginnen ihre Moleküle zu jammen.

Teststrecke Kreisverkehr

Doch nun zurück zum Straßenverkehr. Um zu verstehen, wie es auch ohne einen Unfall zu einem Stau kommen kann, hat man zum Beispiel eine Kreisstrecke mit 230 m Umfang (also Strecke) von unterschiedlich vielen, möglichst immer 30 km/h schnellen Autos befahren lassen (siehe Abb. 7.3). Dabei zeigte sich, dass sich ein Stau erst ab einer bestimmten Autodichte pro Strecke (es waren 22) bildet (Helbing Physik Journal 7 (2008)). Außerdem war zu beobachten, dass der Stau entgegen der Fahrtrichtung die Strecke mit etwa 20 km/h entlang wanderte und zunächst eigentlich nur ein „Stop-And-Go-Verkehr" war, bis der Verkehr schließlich an den Staustellen zum Erliegen kam. Bremsen und Beschleunigen führt also zur Verstärkung des Staus, denn um den Verkehr anzuhalten, muss irgendeiner mal bis zum Stillstand gebremst haben. Es lässt sich aber ein Effekt beobachten, der mit Jamming fast immer einhergeht. Es herrscht nicht überall gleichzeitig Stau, es gibt gestaute und nicht gestaute Bereiche. Dieses Phäno-

Abb. 7.3   Experiment zur Untersuchung der Staubildung. Verkehr im Kreis. (Mit freundlicher Genehmigung von Yuki Sugiyama, Minoru Fukui, Macoto Kikuchi, Katsuya Hasebe, Akihiro Nakayama, Katsuhiro Nishinari, Shin-ichi Tadaki and Satoshi Yukawa, *Traffic jams without bottlenecks – experimental evidence for the physical mechanism of the formation of a jam*, New J. Phys. 10 (2008) 033001, http://doi.org/10.1088/1367-2630/10/3/033001, © IOP Publishing & Deutsche Physikalische Gesellschaft. CC BY-NC-SA)

men nennt man „räumliche Heterogenität der Dynamik". Das heißt, innerhalb des (Versuchs-)Raumes herrschte in verschiedenen Bereichen unterschiedlich schnelle Dynamik (hier: fahren und stehen).

Wenn man diesen Versuch mathematisch beschreibt, sieht das in Zahlen ungefähr so aus: Geht man davon aus, dass das Anfahren im Schnitt etwa zwei Sekunden dauert, so verlässt alle zwei Sekunden ein Auto das vordere Stauende. Damit der Stau also nicht länger wird, darf nur alle zwei Sekunden ein Auto hinten dazukommen. In der Stunde

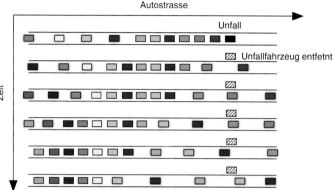

Abb. 7.4 Abschnitt einer Straße, auf dem sich auf Grund eines Unfalls ein Stau gebildet hat. Nach unten sieht man die Situation zu jeweils späteren Zeitpunkten. Zunächst bewegen sich die Autos hinten in den Stau hinein. Ist die Straße wieder frei, bewegen sich die Autos vorne weg, während hinten weitere Autos in den Stau hinein fahren. Der Stau bewegt sich so gegen die Fahrtrichtung

macht das 1800 Autos. Sind es mehr, wird der Stau länger. Bleibt es allerdings bei den 1800 Autos/Stunde, lässt sich auch berechnen, wie schnell die Stauwelle die Straße entlangwandert. Davon ausgehend, dass Autos am vorderen Ende des Staus alle zwei Sekunden anfahren und einen Abstand von 7,5 m haben, wird der Stau vorne pro Sekunde um 3,75 m kürzer (und hinten um dasselbe Stück länger, wenn die 1800 Autos/Stunde nicht überschritten werden). In der Stunde macht das 14 km, der Stau würde sich also mit 14 km/h entgegen der Fahrtrichtung bewegen (siehe Abb. 7.4).

Ein ähnlicher Effekt lässt sich an Situationen mit dreidimensionalen Bewegungsspielräumen nachvollziehen, beispielsweise an dicht gepackten Flüssigkeiten. Ein einzelnes

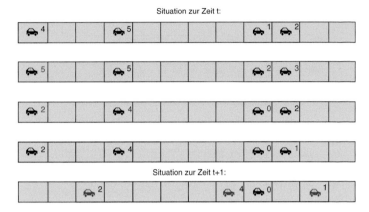

Abb. 7.5 Nagel-Schreckenberg-Modell zur Stausimulation. (Mit freundlicher Genehmigung von M. Vogel, Institut für Festkörperphysik, TU Darmstadt)

Molekül kommt kaum voran, während mehrere Moleküle in der gleichen Richtung gleichzeitig leichter besser vorankommen. Man nennt dies Kooperativität der Dynamik, wenn Teilchen also kooperieren, um voranzukommen, sind sie erfolgreicher.

Um ganz bestimmte Situationen gezielt nachvollziehen zu können, simuliert man beispielsweise den Straßenverkehr mithilfe des sogenannten Nagel-Schreckenberg-Modells (siehe Abb. 7.5). In diesem ist die Straße in Zellen eingeteilt, ein Fahrzeug kann Geschwindigkeiten zwischen 0 und 5 haben (0 ist der Stillstand). Dann werden alle Autos gleichzeitig nach bestimmten Regeln aktualisiert, jedes Update ist eine „Runde". Nach diesen Regeln fährt ein Auto immer nur so schnell, wie es Abstand zum Vordermann hat, sind also noch zwei freie Zellen zwischen zwei Autos, so wird das hintere in der nächsten Runde auf 2 abgebremst haben, so dass Auffahrunfälle verhindert werden. Außerdem werden pro Runde zufällige Störungen eingerechnet (Als Beispiel könnte man annehmen, dass ein Autofahrer zu trödeln beginnt, weil er mit seinem plötzlich klingelnden Handy beschäftigt ist.), bei denen Autos ohne erkennbaren Grund ihre Geschwindigkeit um 1 reduzieren. Ansonsten werden alle Fahrzeuge entsprechend ihrer Geschwindigkeit pro Runde vorwärtsbewegt, und jedes Fahrzeug, das weder seine Maximalgeschwindigkeit erreicht hat noch anderweitig daran gehindert wird, erhöht seine Geschwindigkeit pro Runde um 1.

Mithilfe dieses Modells findet man auch schnell heraus, warum dynamische Verkehrszeichen erfunden wurden und im Feierabendverkehr auf den sich ohnehin bildenden Stau auf den ersten Blick noch einen draufzusetzen scheinen. Denn um diese Zeit wird die Geschwindigkeitsbegrenzung auf vielen solchen Anzeigen gesenkt. Es entsteht der Eindruck, man wolle die Autofahrer daran hindern, auf staufreien Strecken Zeit gutzumachen. Das Nagel-Schreckenberg-Modell aber zeigt, dass der reibungsloseste Verkehrsfluss bei hoher Verkehrsdichte gar nicht erreicht wird, wenn Vollgas gefahren wird, wo immer es geht, sondern vielmehr dann, wenn auch auf der Autobahn eine Fahrgeschwindigkeit von 70–100 km/h Durchschnitt wäre (siehe Abb. 7.5).

Umgekehrt liegt darin die Ursache für die unbeliebten „Staus aus dem Nichts". Ein beliebiger Autofahrer mitten im Verkehr, der aus Versehen den Fuß vom Gas nimmt (alternativ können ein Spurwechsel, eine Baustelle oder ein überholender LKW als Ursache angenommen werden), der Hintermann bremst, die nachfolgenden sehen das Bremslicht und versuchen außerdem, sich seiner neuen

Abb. 7.6 Sand in der Sanduhr – Beispiel für granulare Materie. (© Marilyn Nieves/iStock)

Geschwindigkeit anzupassen. Das in den Versuchen und Simulationen nachvollzogene Jamming auf der Autobahn bringt den Verkehr, zwar deutlich hinter der Stelle, an der der Verursacher gebremst hat, aber dennoch zum Erliegen.

Granulate

Granulate können in Zuständen vorkommen, die entweder festkörperähnlich (zum Beispiel Sand auf einem Haufen) oder flüssigkeitsähnlich (Sand einer Sanduhr) sind, also einem der herkömmlichen Aggregatzustände ähneln (siehe Abb. 7.6).

Die granulare Materie ist dabei einem Effekt unterworfen, der an die bereits beschriebene Heterogenität der Dy-

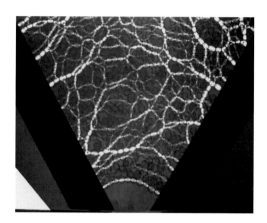

Abb. 7.7 Kugeln, die durch eine trichterförmige Öffnung fallen sollen. Die Farbe der Teilchen deutet an, wie viel Druck auf sie wirkt. Es können sich Kraftketten zwischen den Teilchen ausbilden. Diese sind farblich hellgelb hervorgehoben. Diese Gebilde sind allerdings sehr empfindlich. Wenn auch nur eine leichte Kraft seitlich auf die Teilchen wirkt, brechen sie wieder zusammen. Neben den „normalen" Kraftketten erkennt man unten den Bogen („Arching"), der den Auslass verstopft. Der Auslass hat einen Durchmesser von ca. 3 cm. (Mit freundlicher Genehmigung von Prof. Robert Behringer, Dr. Junyao Tang, Sepher Sagdiphour, Duke University, http://www.phy.duke.edu/~jt41/research.html)

namik erinnert. Wenn die oberen Schichten einer solchen Teilchenansammlung auf die unteren drücken, können sich beispielsweise in einem Sandhaufen oder in Sand in einem Becher („festes" Granulat) sogenannte Kraftketten bilden (vgl. Abbildung 7.7). Befindet sich der Sand in einem Gefäß, verteilt der Sanddruck sich auf den Boden und auf die Wände. In deren Nähe bilden sich stabile bogenförmige Ketten, wie man sie auch in der Architektur ausnutzt. Diesen Effekt nennt man Arching.

Arching findet aber auch in „flüssigen" Granulaten statt. So ist es ausschlaggebend für die Zuverlässigkeit einer Sanduhr. Es sorgt dafür, dass die Sandmenge, die pro Zeiteinheit durch die Öffnung rinnt, weitgehend unabhängig von der Füllhöhe ist. In einem Salzstreuer mit trichterförmigem Auslass kann es aber auch zum Verstopfen führen. Fallen ein paar Salzkristalle zufällig genau so auf die Öffnung zu, dass sie dort einen Bogen zwischen den Trichterwänden bilden, wird die Kraft von diesem auf die Trichterwände übertragen, so dass die vordersten Teilchen die restlichen halten können (siehe Abb. 7.7). Da aber wie erwähnt schon leichte Krafteinwirkung von der Seite die Kraftketten zusammenbrechen lässt, genügt seitliches Klopfen gegen den Salzstreuer, um den Bogen zum Einsturz und so das Salz wieder zum Fließen zu bringen.

Daraus resultiert auch die Besonderheit granularer Materie, ihr Volumen durch bloßes Schütteln zu verringern. Wenn beim Schütteln Kraftketten zusammenbrechen, sacken die Teilchen oft weiter ineinander. Das ist der Grund, weshalb Cornflakesschachteln generell zu groß wirken für ihren Inhalt. Beim Einfüllen besitzen sie genau die passende Größe; erst auf den vielen Transportetappen bis auf den Frühstückstisch sackt der Inhalt zusammen, und es bildet sich oben ein großer Freiraum. Deshalb weisen viele Hersteller besonders darauf hin, dass bei der jeweiligen Schachtel der „Füllstand technisch bedingt" sei.

Auch für den Schotter unter der Straßendecke ist dieser Effekt interessant. Wäre die Schotterschicht nicht bereits ausreichend verdichtet, würden darüber fahrende Autos diese Komprimierung später auslösen. Der Schotter würde wegsacken, die Asphaltdecke brechen. Deshalb kommt man beim Straßenbau den Autos mit Rüttelplatten zuvor, löst gezielt Jamming aus, der Schotter wird dabei so komprimiert, dass er sich in absehbarer Zeit nicht mehr bewegen wird, und die Straße hält länger.

Möchte man zu diesem Zustand verdichtetes Material verformen, funktioniert das nur, indem man es (teilweise) auflockert und dadurch sein Volumen vergrößert (sog. Dilatanz). Wird solche Dilatanz durch äußere Kräfte verhindert, können sich die Einzelteile nicht mehr bewegen und verhalten sich wie ein Festkörper. Ein Beispiel hierfür ist vakuumverpacktes Kaffeepulver. Die geschlossene Packung ist hart wie Stein, erst wenn Luft in die Packung strömen kann und ihr Volumen vergrößert, also die äußere Kraft aufgrund des Luftdrucks verschwindet, verhält sich der Kaffee wieder wie Pulver.

Glasbildende Flüssigkeiten

Wie die Granulate haben auch glasbildende Flüssigkeiten besondere Eigenschaften. Diese bleiben bei Abkühlung oft sehr lang flüssig und bilden erst bei einer sehr tiefen Temperatur (Glaspunkt) ein Glas, obwohl der Kristall bereits bei Temperaturen unterhalb des Schmelzpunkts der energetisch günstigere Zustand wäre und der Schmelzpunkt über dem Glaspunkt liegt.

Zunächst nimmt beim Abkühlen die Viskosität der Flüssigkeit besonders stark zu, und zwar um bis zu fünfzehn Größenordnungen. Die Werte in der Nähe des Glaspunkts sind eigentlich eher für Festkörper typisch als für Flüssigkeiten. Wenn die Flüssigkeit schließlich zum Glas erstarrt, findet darin gar keine Teilchenbewegung mehr statt. Außerdem gibt es zwei verschiedene Arten von Gläsern. Zu den sogenannten starken Gläsern gehört unter anderem unser Glas, also Silikatglas. Den Gegensatz dazu bilden die fragilen Gläser, zu denen auch Polymere, also Plastik gehören.

Um zu erfahren, wie sich die Eigenschaften dieser beiden Gruppen unterscheiden, kann man eine Computersimulation verwenden. Man simuliert dabei eine Vielteilchenbewegung, also beispielsweise viele Moleküle, die sich auf engem Raum bewegen. Hierfür löst man für jedes einzelne Teilchen die Newtonsche Bewegungsgleichung $F = m \times a$ iterativ in Abhängigkeit von der Zeit. Man analysiert die Kräfte, die zu einem Zeitpunkt auf ein Teilchen wirken (zum Beispiel durch Nachbarteilchen) und aktualisiert seine Geschwindigkeit und Position. Wenn die Trajektorien aller Teilchen als Funktion der Zeit vollständig vorliegen, untersucht man das Auftreten der beiden bereits erläuterten Effekte der Heterogenität und Kooperativität der Dynamik.

Es fällt auf, dass sich die beiden Stoffe in ihrer Heterogenität kaum unterscheiden, bei beiden Stoffen wächst die Längenskala dafür beim Glasübergang. Sehr viel deutlicher ist aber der Unterschied bei der Kooperativität. In starken Glasbildnern findet offenbar kaum Kooperativität statt. Weitere quantitative Auswertung ergibt, dass mit sinkender Temperatur die Kooperativität zunimmt.

Finite-Size-Effekte   Grenzflächen-Effekte   Dichte-Effekte

Reichweite

Abb. 7.8 Wird eine Flüssigkeit in einen Bereich von wenigen Nanometern Größe eingesperrt, spricht man vom nanoskopischen Confinement. Das Verhalten der Flüssigkeit kann dann durch diese endliche Größe („finite size"), durch Oberflächeneffekte und durch Dichteeffekte modifiziert werden. (Mit freundlicher Genehmigung von M. Vogel, Institut für Festkörperphysik, TU Darmstadt)

Dies ist auch der Ausgangspunkt für aktuelle Forschungen. Besonders in Biologie, Geologie und Technologie erforscht man im Moment Stoffe in sogenannten nanoskopischen Confinements. Man sperrt ein jammendes System in einen Bereich ein, der möglicherweise kleiner ist als die Bereiche besagter Heterogenität und Kooperativität (siehe Kasten Confinement).

Generell hat man bereits festgestellt, dass Flüssigkeiten im Confinement ganz andere physikalische und chemische Eigenschaften entwickeln. Dies ist vor allem aufgrund von drei besonderen Effekten der Fall, die hier graphisch dargestellt sind (siehe Abb. 7.8).

Doch auch hier sind die Ursachen nicht vollständig aufgeklärt. Da Jamming aber in unserem Alltag so präsent ist, bleibt all dies weiterhin im Focus aktueller Forschungen.

Confinement

Eine interessante Frage ist, wann Flüssigkeiten aufhören, sich wie die „normale" Flüssigkeit zu verhalten. Wasser im Meer ist zunächst einmal Wasser. Gleiches gilt für Wasser in der Badewanne oder Wasser in einem Glas. Sieht man einmal von etwaigem Salz im Meer bzw. Badezusätzen ab, verhält sich das Wasser in diesen Behältern wie Wasser. Wenn der Behälter aber nur klein genug wird – und es geht hier um Größen im Nanometerbereich, sollte sich das Verhalten ändern. Denn dann werden die Oberflächeneffekte bzw. die Wechselwirkung zwischen den Flüssigkeitsmolekülen und dem Container gegenüber der inneren Wechselwirkung der Flüssigkeitsmoleküle untereinander immer wichtiger. Die Effekte einer solchen „Einsperrung" (auf Englisch: Confinement) ist die Grundlage neuester Forschungsarbeiten. Dabei unterscheidet man zwischen hartem Confinement, also etwa nano-porösen Materialien und weichem Confinement, in der der Container flexible Grenzen hat, wie zum Beispiel bei bestimmten biologischen Materialien. Durch die Erforschung der Physik und Chemie dieses Confinement erhofft man sich, neue Materialien zu finden, deren Eigenschaften von außen einstellbar sind.

Sachverzeichnis

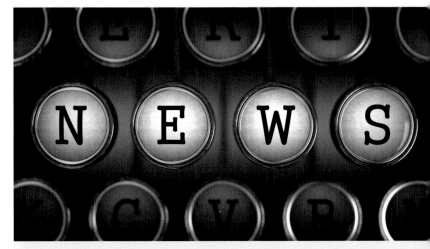

Willkommen zu den Springer Alerts

- Unser Neuerscheinungs-Service für Sie:
  aktuell *** kostenlos *** passgenau *** flexibel

Springer veröffentlicht mehr als 5.500 wissenschaftliche Bücher jährlich in gedruckter Form. Mehr als 2.200 englischsprachige Zeitschriften und mehr als 120.000 eBooks und Referenzwerke sind auf unserer Online Plattform SpringerLink verfügbar. Seit seiner Gründung 1842 arbeitet Springer weltweit mit den hervorragendsten und anerkanntesten Wissenschaftlern zusammen, eine Partnerschaft, die auf Offenheit und gegenseitigem Vertrauen beruht.

Die SpringerAlerts sind der beste Weg, um über Neuentwicklungen im eigenen Fachgebiet auf dem Laufenden zu sein. Sie sind der/die Erste, der/die über neu erschienene Bücher informiert ist oder das Inhaltsverzeichnis des neuesten Zeitschriftenheftes erhält. Unser Service ist kostenlos, schnell und vor allem flexibel. Passen Sie die SpringerAlerts genau an Ihre Interessen und Ihren Bedarf an, um nur diejenigen Information zu erhalten, die Sie wirklich benötigen.

Mehr Infos unter: springer.com/alert